RÉSUMÉ

D'AGRICULTURE PRATIQUE

PAR DEMANDES ET RÉPONSES

OU

QUESTIONNAIRE AGRICOLE

POUR LES ÉCOLES PRIMAIRES

RÉDIGÉ

D'APRÈS LE VŒU DE LA SOCIÉTÉ D'AGRICULTURE
DE RENNES

Par J. BODIN

Directeur de l'École d'Agriculture de Rennes
Officier de la Légion d'honneur

Nouvelle édition, revue et augmentée

PARIS

ANCIENNE MAISON DEZOBRY, E. MAGDELEINE & Cᶦᵉ
CH. DELAGRAVE ET Cᶦᵉ, LIBRAIRES-ÉDITEURS
RUE DES ÉCOLES, 58

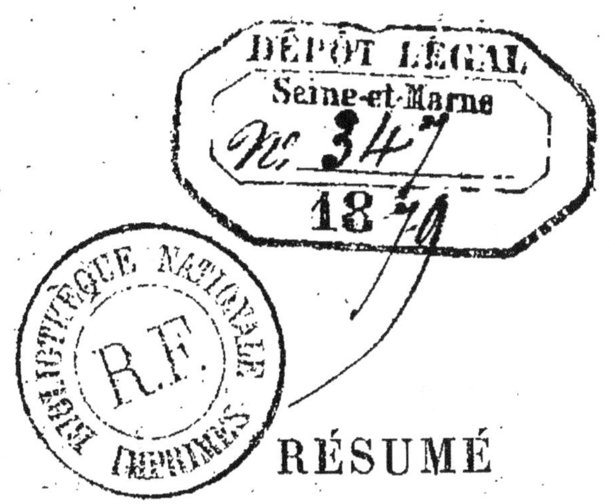

RÉSUMÉ

'AGRICULTURE PRATIQUE

RÉSUMÉ
D'AGRICULTURE PRATIQUE

PAR DEMANDES ET RÉPONSES

OU

QUESTIONNAIRE AGRICOLE

POUR LES ÉCOLES PRIMAIRES

RÉDIGÉ

D'APRÈS LE VŒU DE LA SOCIÉTÉ D'AGRICULTURE
DE RENNES

Par J. BODIN

Directeur de l'École d'Agriculture de Rennes,
Officier de la Légion d'honneur.

Septième édition, revue et augmentée.

PARIS
LIBRAIRIE CH. DELAGRAVE
15, RUE SOUFFLOT, 15

—

1880

Coulommiers. — Imp. Paul BRODARD

RESUMÉ
D'AGRICULTURE PRATIQUE

INTRODUCTION

Apprendre à de jeunes élèves des phrases toutes faites, pour les leur faire répéter ensuite dans un examen, n'est pas, selon moi, le moyen de les instruire, surtout en agriculture.

Un questionnaire n'est donc pas un livre pour étudier, c'est en quelque sorte un *aide-mémoire* pour le maître qui pourrait questionner vingt fois sur le même sujet et en passer d'autres entièrement sous silence. C'est pour l'élève le moyen de résumer et de mettre en ordre dans son esprit tout ce qu'il a étudié.

Il ne faut pas s'attendre à trouver ici un traité complet d'agriculture. Je me suis efforcé de faire des quéstions claires, simples, et des réponses aussi succinctes que possible.

De telle sorte que le maître qui ne connaîtrait pas encore bien les principes de culture devrait nécessairement avoir le désir de les étudier dans des ouvrages spéciaux, et que l'élève devrait aussi chercher ailleurs des détails qu'il ne peut trouver ici.

Tel a été mon but, et l'accueil fait à la première et à la seconde édition, me permet de croire que c'était aussi celui de la Société d'agriculture, qui m'a fait l'honneur de me confier ce petit travail.

Terres labourables

1 — Quelles sont les parties élémentaires qui composent la terre labourable ?

— *Sable, argile, calcaire.*

2 — Quels sont les caractères et les propriétés des terres sablonneuses ?

— *Composées de grains très-durs, sans liaison, sèches, perméables et s'échauffant promptement.*

3 — Comment peut-on les améliorer ?

— *Labours profonds qui conservent l'humidité, fumiers de bêtes à cornes.*

4 — Quels caractères présentent les terres argileuses ?

— *Très-compactes, très-humides, dures et crevassées quand elles sont sèches ; retenant fortement l'eau et s'échauffant lentement.*

5 — Comment les améliorer ?

— *Labours profonds qui font écouler les eaux, raies d'écoulement, fumiers chauds et pailleux, grande quantité d'engrais.*

6 — A quels caractères reconnaît-on les terres calcaires ?

— *Ordinairement blanches, bouillonnant dans les acides, retenant peu l'eau et décomposant promptement les engrais.*

7 — Quels moyens de les améliorer ?

— *Comme pour les terres sablonneuses, labours profonds et fumiers froids.*

8 — Ces trois terres élémentaires, prises isolément, formeraient-elles un bon sol ?

— *Leurs propriétés trop tranchées les rendent presque impropres à la culture ; mélangées, elles se corrigent réciproquement et forment les bonnes terres labourables.*

9 — Le calcaire se rencontre-t-il dans toutes les terres ?

— *Il manque assez souvent, et, dans ce cas, il faut, pour obtenir de bons résultats, aller le prendre dans les terres qui en contiennent trop, ou le remplacer par la chaux.*

10 — Quelle est la partie du sol qui forme la nourriture des plantes ?

— *Une matière noirâtre, à laquelle on donne le nom d'humus.*

11 — De quoi se compose l'humus?

— *De matières organiques, débris d'animaux ou de plantes.*

12 — Les matières organiques réduites à l'état de terreau noirâtre ou d'humus, sont-elles toujours propres à la nourriture des plantes ?

— *Quelquefois elles contiennent des parties acides ou astringentes qui neutralisent leur effet. C'est ce qui se rencontre souvent dans les landes et les terres marécageuses.*

13 — Comment peut-on détruire ou annuler l'influence nuisible de ces principes acides ou astringents ?

— *Au moyen de la chaux, des cendres, des noirs très-phosphatés, des fumiers très-chauds.*

14 — Comment peut-on augmenter la fertilité du sol et la quantité d'humus?

— *Au moyen des fumiers, des terreaux et de tous les engrais contenant une grande quantité de débris végétaux ou animaux.*

15 — Qu'appelle-t-on terre argilo-sablonneuse?

— *Celle qui contient du sable et où l'argile domine.*

16 — Qu'appelle-t-on terre argilo-calcaire?

— *Celle qui contient du calcaire et où l'argile domine.*

17 — Qu'est-ce que la terre tourbeuse?

— *Une terre contenant beaucoup de matières végétales incomplètement décomposées et souvent acides, noirâtre, poreuse, tremblant sous les pieds.*

18 — Que faut-il faire pour les rendre propres à la culture?

— *Les dessécher et employer les mêmes matières que pour l'humus de mauvaise qualité.*

19 — Que nomme-t-on terrains d'alluvion?

— *Ceux qui ont été transportés par les eaux au fond des vallées.*

20 — Pourquoi sont-ils en général très-fertiles?

— *Parce qu'ils contiennent une grande quantité de matières organiques. Etant les plus légères, ce sont celles que les eaux ont le plus entraînées.*

21 — L'épaisseur de la couche végétale influe-t-elle sur sa qualité?

— *En général, on peut dire que, plus elle est épaisse, plus elle est fertile.*

22 — Pourquoi cela?

— *Parce que les racines des plantes y trou-*
vent plus de nourriture, qu'elles peuvent s'y
mettre mieux à l'abri de la trop grande sé-
cheresse et de la trop grande humidité.

23 — Qu'est-ce que le sous-sol?

— *La couche qui se trouve immédiatement*
sous la terre labourable.

24 — Pourquoi cette seconde couche n'est-elle
pas aussi propre à la végétation?

Parce qu'elle contient très-peu d'humus,
qu'elle n'a pas été fertilisée par l'air et di-
visée par les labours.

25 — Qu'appelle-t-on sous-sol perméable?

— *Celui qui est sablonneux, calcaire ou pier-*
reux, et laisse passer l'eau.

26 — Qu'appelle-t-on sous-sol imperméable?

— *Celui qui est composé d'argile ou de bancs*
pierreux, et ne laisse pas passer l'eau.

27 — Est-il indifférent que la couche de terre
arable repose sur un sous-sol perméable ou
sur un sous-sol imperméable?

— *Les terres très-compactes, placées sur un*
sous-sol argileux, restent humides et froi-

des ; sur une couche poreuse, elles seraient dans de meilleures conditions. Les terres légères sont meilleures sur un fond d'argile.

28 — Pourrait-on juger de la qualité d'une terre sur un échantillon ?

— *On peut dire que l'échantillon est de bonne ou de mauvaise qualité ; mais la nature du sous-sol, l'exposition du champ, l'épaisseur de la couche labourable, peuvent modifier ces qualités et ces défauts.*

29 — Quels sont les terrains nommés par les cultivateurs terre à seigle, petite terre, terre légère ?

— *Les terrains sablonneux ou très-calcaires.*

30 — Quels sont ceux qu'on nomme terre à fro ment, terre forte, grosse terre?

— *Les terres où l'argile domine.*

Amélioration des terres.

31 — Qu'est-ce qu'améliorer le sol ?

— *C'est augmenter sa valeur et sa fertilité par tous les moyens possibles ; construction des chemins, assainissement et drainage, défoncements, destruction des mauvaises herbes, emploi des amendements et engrais.*

32 — Quels sont les premiers travaux nécessaires pour améliorer les chemins ?

— *Les dresser, faire des rigoles des deux côtés, et donner l'écoulement à l'eau.*

33 — Dans quel état doit-on étendre les pierres sur les chemins ?

— *En morceaux cassés et égaux ; les grosses pierres détruisent les chemins.*

34 — L'empierrement des chemins n'amène-t-il pas une autre amélioration agricole?

— *On ramasse pour les chemins les pierres qui se trouvent sur tous les champs, gênent les cultures et surtout le fauchage des prairies artificielles.*

35 — Pourquoi parlons-nous d'abord de l'amélioration des chemins?

— *Pour labourer, pour engraisser, il faut d'abord un chemin qui permette d'arriver sur la terre.*

36 — Pourquoi les terres trop humides, où l'eau

séjourne, ne sont-elles pas propres à la culture ?

— *1° Le travail y est difficile, et ne peut être fait que par le temps sec; 2° l'air n'y pénètre pas suffisamment; 3° les engrais n'y produisent pas tout leur effet.*

37 — Comment dessécher et assainir les terres humides ?

— *Au moyen de défoncements, de rigoles d'écoulement, de fossés et surtout du drainage.*

38 — Qu'est-ce que le drainage ?

— *C'est l'ensemble de travaux qui consistent à creuser des tranchées et à y pratiquer des conduits en pierres, ou plus ordinairement à y placer des tuyaux en terre cuite, destinés à donner l'écoulement aux eaux.*

39 — Quelle profondeur doivent avoir ces tranchées ?

— *Un mètre au moins.*

40 — Ne pourrait-t-on pas comparer le drainage au petit trou pratiqué dans le fond des pots à fleurs ?

— *Le petit trou pratiqué dans le fond des pots à fleurs permet à l'eau de s'écouler après avoir humecté suffisamment la terre et les racines des plantes; les tranchées avec des tuyaux d'écoulement pour les eaux ont absolument le même but.*

41 — Qu'arrive-t-il si l'on plante une fleur dans un pot dont le fond n'est pas percé ?

— *L'eau des arrosements séjourne alors dans le pot, noyant et asphyxiant les racines des plantes en empéchant l'air d'y pénétrer. La plante souffre et meurt.*

42 — Comment les engrais ne font-ils pas tout leur effet dans les terres trop humides ?

— *Les engrais ne peuvent bien se décomposer sans le contact de l'air, et l'air ne peut pénétrer suffisamment dans les terres dont les pores sont remplis d'eau.*

43 — Les engrais ne sont-ils pas souvent entraînés dans les fossés au lieu de pénétrer dans le sol ?

— *Sur les terres où l'eau ne peut pénétrer, les engrais sont dissous à la surface et entraînés dans les rigoles d'écoulement, puis dans les fossés et ruisseaux. Au contraire, lorsque l'eau peut pénétrer dans le sol, elle y entraîne les engrais dissous qui s'arrêtent successivement dans la couche labourable et y sont absorbés par les plantes.*

44 — Pourquoi est-il important de détruire les mauvaises herbes?

— *Elles occupent la place des plantes cultivées, les détruisent et prennent dans le sol les engrais qui sont destinés aux récoltes productives.*

45 — Comment peut-on les détruire?

— *Au moyen d'un bon assolement, des plantes sarclées, des fourrages, des labours fréquents en temps sec et des défoncements.*

46 — Comment se reproduisent les mauvaises herbes?

— *Le plus ordinairement par leurs graines et quelquefois aussi par leurs racines.*

47 — Croyez-vous que les mauvaises plantes puissent lever sans graines?

— *Il ne peut y avoir une création spontanée, et les mauvaises herbes ne se rencontrent que dans les champs où des plantes de même espèce ont grainé, ou bien lorsque les graines y ont été apportées par les vents ou par les oiseaux.*

48 — Comment se fait-il donc que des plantes lèvent tout à coup dans un terrain où l'on n'en avait pas vu depuis longtemps?

— *C'est que les graines enterrées profondément et hors du contact de l'air peuvent se conserver pendant très-longtemps, puis lever lorsqu'elles sont ramenées à la surface du sol par des labours.*

49 — Une terre bien nettoyée a donc plus de valeur qu'une terre où toutes les mauvaises graines existent?

— *Sur un sol propre, le cultivateur est le maître, ses récoltes coûtent moitié moins et produisent moitié plus. Sur le sol non nettoyé, les herbes sont maîtresses du terrain et neutralisent tous les travaux, qui deviennent presque inutiles.*

Amélioration du sol au moyen des amendements.

50 — Quels sont les amendements les plus employés?

— La marne, la chaux, le plâtre.

51 — Qu'est-ce que la marne ?

— C'est une terre principalement composée de calcaire et d'argile.

52 — Quel est son aspect ?

— Elle est ordinairement blanche et douce au toucher, quelquefois colorée.

53 — Comment la reconnaît-on ?

— Elle se délie dans l'eau comme l'argile et fait effervescence dans les acides comme le calcaire.

54 — Toutes les marnes contiennent-elles la même quantité de calcaire ?

— Elles sont plus ou moins argileuses, quelquefois sablonneuses.

55 — Lorsqu'on trouve des marnes de différentes compositions lesquelles doit-on préférer ?

— Les plus calcaires. De plus, celles qui sont argileuses conviennent pour les terres sablonneuses, et celles qui contiennent du sable, pour les terres argileuses.

56 — Les sables calcaires qui contiennent une grande quantité de petits coquillages peu-

vent-ils être employés comme amendements ?

— *Ils sont ordinairement très-fertilisants.*

57 — Quelle quantité de marne doit-on employer par hectare?

— *En moyenne, de 60 à 80 mètres cubes.*

58 — Quels sont les avantages de la chaux vive?

— *Elle est facile à employer, et une très-faible quantité peut améliorer une grande étendue de terre.*

59 — Quelle quantité de chaux emploie-t-on par hectare ?

— *Environ 50 hectolitres.*

60 — Dans quelles terres convient-elle ?

— *Partout où le sol ne contient pas de calcaire ou n'en contient qu'en petite quantité;*
Dans les terres tourbeuses;
Dans les terres nouvellement défrichées.

61 — Quelles sont les plantes qui en éprouvent les meilleurs effets ?

— *Les trèfles et presque toutes les autres plantes dites de la famille des légumineuses.*

62 — Les marnes et la chaux dispensent-elles de fumer?

— *Elles sont de précieux amendements; elles*

aident puissamment à l'action des engrais, mais elles ne dispensent pas de fumer et épuiseraient le sol si l'on en abusait.

63 — Comment emploie-t-on la chaux ?

— *On peut la déposer en petits tas sur le champ où elle doit être employée ; ou bien on la met en gros tas avec des gazons, puis on la mélange, et ensuite on l'étend sur le sol lorsqu'elle est éteinte.*

64 — Comment l'enterre-t-on ?

— *Par un très-léger labour.*

65 — Qu'elle est la chaux que l'on doit préférer ?

— *Celle qui est blanche et légère, parce qu'elle est ordinairement plus pure que celle qui est dure et pesante.*

66 — Comment doit-on employer le plâtre ?

— *En poudre fine, et principalement sur les feuilles des plantes de la famille des légumineuses, lorsqu'elles commencent à couvrir le sol.*

67 — En quelle proportion ?

— *Trois à quatre hectolitres par hectare.*

.68 — Doit-il être cuit ou non cuit ?

— *Il agit des deux manières; mais comme il*

*est plus cher lorsqu'il a été cuit, on l'em-
ploie généralement sans le faire cuire.*

69 — L'action du plâtre est-elle la même sur
tous les terrains ?

— *Ses effets sont fort remarquables sur certaines terres et nuls sur d'autres.*

70 — Qu'est-ce que le noir animal?

— *C'est un résidu provenant des raffineries
de sucre et composé en partie de charbon
d'os, c'est-à-dire du phosphate de chaux,
matière très-fertilisante. On trouve aussi
le phosphate à l'état fossile.*

71 — Dans quelles terres convient-il ?

— *Surtout sur les défrichements.*

72 — Les cendres ne conviennent-elles pas
aussi sur ces sortes de terre ?

— *Elles produisent de très-bons effets dans les
terres légères, sur les trèfles, sur les prairies.*

Amélioration du sol au moyen des engrais.

73 — Les engrais nutritifs sont-ils tous de
même espèce ?

— *Ils sont végétaux, animaux ou bien com-*
posés de matières végétales et animales.

74 — Qu'entendez-vous par engrais végétaux?

— *Des récoltes enfouies en vert, des terreaux*
de feuilles ou autres débris de plantes.

75 — Quelles sont les plantes qui conviennent
pour les enfouissements ?

— *Celles qui sont peu exigeantes, dont la*
graine est d'un prix peu élevé, et dont la
végétation est très-rapide : sarrasin,
moutarde, colza, etc.

76 — A quelle époque doit-on les enfouir ?

— *Lorsqu'elles sont en pleine fleur.*

77 — Les enfouissements végétaux pourraient-
ils suffire à l'engraissement des terres ?

— *Ils ne peuvent être considérés que comme*
engrais accessoires.

78 — Dans quelles terres conviennent-ils le
mieux ?

— *Dans les sols légers et chauds.*

79 — Les engrais animaux sont-ils préférables
aux engrais végétaux?

— *Ils contiennent plus de matières nutritives,*

agissent plus promptement et plus énergiquement.

80 — Citez quelques engrais animaux ?

— *Les chairs, les cornes, les chiffons de laine,
les poudrettes, le guano, etc.*

81 — Qu'entend-on par fumiers proprement dits ?

— *Le mélange des excréments des animaux
avec les pailles des céréales ou d'autres végétaux employés comme litière.*

82 — Sont-ils d'un emploi avantageux ?

— *Ce sont ceux qui sont les plus utiles, les
plus économiques, qui améliorent le plus
le sol, et dont on doit augmenter la quantité par tous les moyens possibles.*

83 — Comment en augmenter la quantité et la
qualité ?

— *Faire une grande quantité de fourrages,
de racines, pour nourrir abondamment à
l'étable beaucoup de bétail.*

84 — Les fumiers d'étable sont-ils tous de
même qualité ?

— *Ils sont plus ou moins actifs ; ceux des
chevaux et des bêtes à laine sont bien plus
chauds que ceux des bêtes à cornes.*

85 — Le fumier de mêmes animaux ne peut-il pas être plus ou moins bon ?

— *Le bétail qui reçoit une nourriture abondante et substantielle produit du fumier de meilleure qualité que celui qui est mal nourri.*

86 — Comment doit-on traiter les fumiers d'étable ?

— *Les disposer en tas sur une plate-forme qui permette d'en recueillir le jus, de les arroser lorsqu'ils sont trop secs et de les entretenir dans un état d'humidité suffisante pour que la fermentation s'y opère convenablement.*

87 — N'est-il pas bon de mélanger les fumiers des différentes espèces d'animaux ?

— *Pour les terres ordinaires, les fumiers mélangés sont les meilleurs.*

88 — Pour les terres trop humides ou trop sèches, ne serait-il pas convenable de séparer les fumiers ?

— *Les fumiers chauds de cheval, de mouton, sont les meilleurs pour les terres argileuses. Les fumiers des bêtes à cornes sont préfé-*

rables pour les terres sablonneuses et sèches.

9 — Comment doit-on employer le jus qui a été recueilli autour des fumiers et le purin qui s'échappe des étables ?

Ces engrais liquides conviennent très-bien aux prairies naturelles et aux prairies artificielles. On peut aussi en arroser les terres destinées à porter des plantes sarclées.

0 — Ne conviennent-ils pas aux céréales ?

Ils y produiraient une belle végétation; mais comme ils ne sont pas toujours répandus uniformément, elle ne serait pas égale, et, en outre, ces récoltes seraient exposées à verser.

— Doit-on attendre que les fumiers soient bien consommés pour les conduire dans les champs ?

Aussitôt qu'ils ont subi une première fermentation, il est avantageux de les enfouir dans le sol.

— Les fumiers consommés ne sont-ils pas les meilleurs ?

Ils sont très-bons, mais pour les laisser

arriver à cet état, il y a une perte considé-
rable de principes fertilisants.

Instruments.

93 — Quels sont les instruments que l'on em-
ploie le plus généralement pour cultiver
le sol?
— *Les charrues,*
— *Les fouilleuses,*
— *Les herses,*
— *Les extirpateurs,*
— *Les houes à cheval,*
— *Les rouleaux,*
— *Les semoirs, etc.*

94 — N'emploie-t-on pas encore des machines
pour la préparation des produits?
— *Les machines à battre, les pressoirs, les*
moulins sont encore employés avec grand
avantage en agriculture.

95 — Doit-on multiplier les instruments de
culture?
— *Une trop grande quantité d'instruments*
serait ruineuse pour la petite culture;

mais il y a toujours profit à se servir des plus parfaits.

95 — Quel but doit-on se proposer d'atteindre avec les instruments perfectionnés ?

— *Faire le travail plus économiquement, plus complètement, plus rapidement, et avec moins de fatigue.*

97 — Quel travail doit exécuter une bonne charrue ?

— *La bande de terre doit être détachée parallèlement à la superficie du sol et verticalement de manière à former un angle droit avec le côté non labouré.*

98 — Quelles dispositions doit-on donner à la charrue pour qu'elle fasse convenablement ce travail ?

Le soc doit être plat et tranchant de manière à couper la bande horizontalement. Le coutre doit trancher verticalement la bande de terre et le versoir doit la retourner sur le côté de manière à ce qu'elle repose sur une de ses arêtes.

9 — Les charrues sans avant-train sont-elles

meilleures que les charrues placées sur un avant-train ?

— *En général les charrues sans avant-train ont une grande supériorité.*

Elles exigent moins de force, parce que le tirage est plus direct; elles se prêtent mieux à la volonté du conducteur, elles sont plus solides et d'un prix moins élevé.

100 — Les charrues sans avant-train sont-elles plus difficiles à conduire que les charrues placées sur un avant-train ?

— *Les charrues sans avant-train se conduisent aussi facilement, tournent plus aisément au bout de la raie, labourent mieux les terrains inégaux; mais elles ne souffrent pas de médiocrité dans leur construction.*

101 — Quels sont les défauts les plus saillants des anciennes charrues ?

— *Le soc rond et non tranchant déchire la terre au lieu de la couper.*

Le versoir long et non contourné exige un énorme tirage pour renverser imparfaitement la bande de terre.

*Le coutre placé obliquement laisse à chaque
raie une petite partie du sol non labourée.*

102 — Pourquoi, malgré ces inconvénients,
grand nombre d'agriculteurs n'adoptent-ils
pas les araires ou charrues sans avant-train ?

— *Habitués à se servir de l'ancienne charrue, ils n'ont pas voulu faire un nouvel
apprentissage. Lorsqu'ils ont essayé les
araires et les diverses charrues qui s'en
rapprochent, ils l'ont fait généralement
avec mauvaise volonté et n'ont pas réussi.*

103 — La charrue perfectionnée, placée sur l'an-
cien avant-train, est-elle un bon instrument ?

— *Les parties principales étant les mêmes
que celles des araires, le travail est à peu
près le même aussi, mais l'énorme avant-
train sur lequel on les a montées est une
gêne qu'il serait bon d'éviter.*

104 — Quelles sont les principales conditions
d'un bon labour ?

— *La bande de terre doit être assez renversée
pour que les herbes, les engrais qui se
trouvent à la surface soient entièrement
recouverts.*

2.

105 — Pourquoi la bande de terre ne doit-elle pas être entièrement retournée ?

— *Si la bande de terre était entièrement retournée, elle serait appuyée dans toutes ses parties et serait difficile à attaquer par les dents des herses et par les rouleaux, puis si la charrue avait enlevé une partie du sous-sol, il se trouverait à la surface sans aucun mélange.*

106 — Comment doit donc être placée cette bande ?

— *Sur le côté, appuyée sur une des arêtes. Cette disposition permet aux herses de déchirer les arêtes qui se trouvent en dessus, et si le sous-sol a été attaqué, il se trouve mélangé à la couche arable par l'action du hersage.*

107 — La régularité du labour est-elle indispensable ?

— *Si les bandes sont plus ou moins larges, si elles sont plus ou moins épaisses, si elles sont tortueuses, la surface du sol est inégale aussi; toute la terre n'est pas labourée; les irrégularités permettent à l'eau de séjourner, les semailles se font mal, les instruments ne fonctionnent pas bien, et tous les autres travaux se ressentent de cette défectuosité.*

108 — Les labours doivent-ils être profonds?

— Il faut, autant que possible, labourer profondément.

109 — Pourquoi dites-vous *autant que possible?*

— Parce qu'il serait dangereux d'approfondir tout d'un coup une terre dont le sous-sol serait de mauvaise qualité, ou bien encore de remuer une grande quantité de terre maigre, si l'on n'avait qu'une faible quantité de fumier à y mettre.

110 — Comment doit-on faire?

— Prendre graduellement un peu plus de profondeur à chaque culture de plantes sarclées, et à mesure que les fumiers augmentent.

111 — N'y a-t-il pas des exceptions à ce système de prudence?

— Les terrains d'alluvion, ceux dont le sous-sol est de même nature que le sol, ceux où

*l'on trouve dans la couche inférieure **un** élément qui manque à la terre labourable, peuvent être labourés profondément, **et** même il y a grand avantage à le faire.*

112 — Les labours à plat, en planches de 3 à 4 mètres ou en petits billons d'un mètre, sont-ils également bons ?

— *Les labours à plat sont les meilleurs, parce que toute la surface du sol est labourée et que les instruments de toute nature y fonctionnent mieux.*

113 — Pourquoi ne les adopte-t-on pas partout ?

— *Parce que, dans les terres très-humides, il serait difficile de faire écouler l'eau, qui noierait les récoltes.*

114 — Que pensez-vous des planches ou gros billons ?

— *Elles ont une partie des avantages du labour à plat; puis, lorsque les raies qui les séparent sont bien curées au moyen du buttoir, elles donnent suffisamment écoulement à l'eau.*

115 — Que pensez-vous du labour en petits billons ?

— Il laisse au milieu de chaque billon une partie non labourée.

Il rassemble sur un point toute la terre végétale et en dégarnit entièrement un autre.

L'eau qui se trouve dans chaque raie remonte plus facilement à la surface.

Les gelées ont plus de prise sur les récoltes.

Enfin, les instruments perfectionnés ne peuvent convenablement y fonctionner; et il faut faire à bras une partie des travaux.

116 — Les petits billons ne peuvent-ils pas quelquefois êtres utiles?

— Dans les sols très-peu profonds dont on ne peut entamer le sous-sol et où il n'y aurait pas assez de terre pour qu'une récolte pût y réussir.

Ces sortes de terres, du reste, ne valent pas la peine d'être cultivées, et il vaut mieux les semer en bois.

117 — Pourquoi les petits billons ont-ils été si généralement adoptés?

— Parce que le labour est plus rapide; parce que si l'on fait tous les travaux d'ameublissement à la main, il est plus facile

d'attaquer les bandes relevées qui les composent; parce qu'enfin, la charrue remuant une très-faible quantité de terre, il est besoin de moins de force de tirage.

118 — Comment disparaîtra ce mauvais labour?

— Il a déjà considérablement diminué, et nous pouvons assurer qu'il disparaîtra entièrement avec l'introduction des bons instruments et les perfectionnements de la culture.

119 — Les charrues n'ont-elles pas quelquefois deux versoirs?

— Les charrues à deux versoirs sont des buttoirs qui servent à tirer les raies d'écoulement et à butter les pommes de terre, les choux, etc.

120 — Ces buttoirs doivent-ils être construits d'après les mêmes principes que les charrues?

— N'étant destinés qu'à remuer de la terre déjà labourée et à la relever des deux côtés, les versoirs doivent être moins contournés que ceux des charrues.

121 — Le soc du buttoir doit-il être plat et tranchant comme celui de la charrue ?

— *Cela n'est pas nécessaire et serait plus nuisible qu'utile. La raie faite par le buttoir ayant la forme d'un V, le soc doit être étroit et les versoirs relevés à leur extrémité.*

122 — A quoi servent les fouilleuses ?

— *Elles sont destinées à passer derrière la charrue où elles remuent une seconde couche de terre sans la ramener à la surface.*

123 — Quel effet produit ce travail?

— *La terre ainsi défoncée est plus perméable à l'eau. Le drainage y produit un meilleur effet; les racines des plantes peuvent pénétrer plus profondément.*

124 — Quel travail font les herses ?

— *Elles exécutent dans la grande culture ceux qu'on fait au râteau dans le jardinage. Elles ameublissent le sol à la surface et servent à enterrer les semences.*

125 — Comment les dents des herses doivent-elles être disposées ?

— *Elles doivent être assez longues et assez*

écartées les unes des autres pour que les herbes et les mottes ne s'y engagent pas. Cependant elles doivent tracer des lignes très-rapprochées les unes des autres.

126 — Comment obtient-on ce résultat?

— Prenons par exemple la herse Valcourt qui forme un losange : en plaçant la ligne de gruetais un des côtés, celui qui est obtus, nous rapprocherons les lignes tracées par les dents, qui seront cependant très-écartées sur le bâti de la herse.

127 — Les extirpateurs sont-ils, comme leur nom semblerait l'indiquer, des instruments faits pour arracher ou extirper les racines?

— Ce sont en quelque sorte des herses à très-fortes dents, destinées à remuer superficiellement le sol. Ils conviennent bien pour les déchaumages et pour ameublir des terres labourées depuis longtemps, lorsqu'on ne veut pas les labourer de nouveau. Ils ne sont point faits pour extirper les grosses racines.

128 — Les extirpateurs sont-ils tous de même forme ?

— Les uns ont des pieds très-larges, les autres des espèces de dents aplaties du bout, enfin quelques-uns sont munis de petits socs.

129 — Ces différentes dispositions s'appliquent-elles plus particulièrement à tel ou tel terrain ?

— En général, les extirpateurs à larges pieds conviennent dans les sols légers; ceux qui ont des dents fortes et seulement aplaties fonctionnent mieux dans les terres argileuses.

130 — Qu'est-ce que la houe à cheval ?

— Une espèce de herse très-légère, à pieds droits ou recourbés et tranchants, s'écartant et se rapprochant à volonté.

131 — Quel travail doit-elle faire?

— Attelée d'un seul cheval, elle est destinée à couper et arracher les mauvaises herbes qui lèvent entre les lignes des plantes sarclées.

132 — A quoi servent les rouleaux ?

— A écraser les mottes après le labour et à

dresser la surface du sol. Ils peuvent aussi enterrer les graines fines.

133 — Sont-ils tous de même forme ?

— *Les plus simples sont des cylindres en bois. Ceux qui sont composés de disques en fonte, comme le rouleau Crosskill, sont les plus énergiques. Il faut qu'ils ne soient pas trop longs, et leur diamètre ne doit pas non plus être trop petit.*

134 — Les rouleaux ont-ils **une grande utilité** en agriculture ?

— *Sans ces instruments, nous serions réduits à briser les mottes à la main, comme on le fait encore dans quelques contrées où l'agriculture est peu avancée. Le rouleau fait mieux le travail et plus économiquement.*

135 — Quels sont les soins généraux qu'exigent les instruments ?

— *Ils doivent toujours être tenus en bon état, et réparés aussitôt qu'ils sont rentrés du travail, de manière à ce qu'ils puissent repartir quand on en a besoin.*

136 — Lorsqu'on essaie un instrument pour la

première fois, ne faut-il pas prendre quelques précautions?

— *Il faut d'abord bien l'examiner pour le
comprendre dans toutes ses parties, en
faire l'essai soi-même et ne pas se rebuter
au premier échec.*

Culture des plantes.

CÉRÉALES.

137 — Qu'entend-on par céréales?

— *Le froment, le seigle, l'orge, l'avoine.*

138 — A quelle famille appartiennent-elles?

— *A la famille des graminées, dont les feuilles sont engaînantes, les tiges entrecoupés
de nœuds et les fleurs enveloppées dans des
balles ou écailles.*

139 — Quelles sont les terres qui conviennent
à la culture du froment?

— *Les terres argileuses, surtout lorsqu'elles
contiennent une petite quantité de calcaire.
Il réussit assez mal dans les terres nouvellement défrichées.*

40 — Après quelle culture doit-on le placer?

— *Sur un trèfle d'un an, rompu par un seul labour; après les vesces, les fèves, les pois, le sarasin, le colza, etc.; mais jamais après une autre céréale.*

Il veut une terre ameublie profondément, mais ferme.

141 — Quelle est la quantité de semence qu'on doit employer par hectare?

— *Elle varie beaucoup, suivant l'époque de la semaille.*

En octobre, un hectolitre et demi; au commencement de novembre, deux hectolitres; et fin novembre, de deux hectolitres et demi à trois.

142 — Est-il avantageux de semer de bonne heure ?

— *Les semailles précoces sont presque toujours les plus avantageuses; le froment semé clair et de bonne heure a le temps de s'enraciner et de produire de beaux épis au printemps.*

143 — Comment recouvre-t-on le froment?

— *A la charrue ou à la herse ; mais la herse est préférable.*

144 — Convient-il de fumer le froment?

— *Lorsqu'on le sème en terre maigre, on ne peut se dispenser de le fumer; mais on obtient de bien plus belles récoltes lorsque les engrais ont été appliqués aux cultures précédentes.*

45 —N'a-t-on pas employé des machines pour semer?

— *Les semoirs sont encore peu répandus; cependant leur emploi présente de grands avantages.*

146 — Quels sont-ils?

— *Économie de semence, répartition bien exacte du grain, enfouissement à la même profondeur, facilité de sarclage entre les lignes, récoltes plus abondantes et grains mieux nourris.*

147 — Aussitôt qu'un champ est semé en froment, que doit-on faire?

— *Tirer les raies d'écoulement, curer les raies qui séparent les planches, et donner issue à l'eau par tous les moyens possibles.*

148 —Le froment n'est-il pas attaqué par grand nombre de maladies?

— *Le charbon, la rouille, la carie, vulgairement nommée bouton.*

149 — Quels sont les moyens de les éviter ou de les combattre?

— *Il n'est guère en notre pouvoir d'éviter les deux premières; mais le chaulage au moyen de la chaux et du sulfate de soude est un remède assuré contre la carie.*

150 — Le froment exige-t-il des soins pendant sa végétation?

— *Au printemps, un coup de rouleau et un trait de herse sont très-nécessaires, ensuite des sarclages.*

151 — Quels effets produisent ces travaux?

— *Le rouleau brise les petites mottes qui sont ensuite divisées par la herse et rechaussent le froment.*

— *La terre ameublie est plus accessible à l'air, à la rosée, et les racines coronales se développent plus facilement.*

— *Les herbes naissantes sont aussi détruites par le hersage.*

152 — Lorsque le froment est trop vigoureux au printemps, que doit-on faire?

— *emporter les feuilles à la faux ou à la faucille, ou encore le faire légèrerement tondre par les moutons.*

153 — A quelle époque doit-on couper le froment ?

— *Lorsque le grain est dur comme de la cire et que la paille est jaune.*

154 — Le froment destiné à faire du pain doit-il être récolté en même temps que celui qu'on réserve pour semence ?

— *Celui que l'on récolte quelques jours avant sa complète maturité convient mieux pour la fabrication du pain que celui qui est trop mûr.*

— *Pour semence, il doit avoir acquis toutes ses qualités et être entièrement mûr.*

155 — Comment récolte-t-on le froment ?

— *A la faucille, à la faux, et même avec des machines. La faux est maintenant le meilleur moyen et le plus rapide ; lorsque nous aurons de bonnes machines, elles seront encore plus expéditives.*

156 — Faut-il couper par le pied, ou laisser du chaume ?

— *En coupant par le pied on évite un second travail, on perd moins de paille, on ne laisse pas mûrir les mauvaises graines, et on peut immédiatement disposer du sol pour faire des navets, du colza, etc.*

157 — Est-il avantageux de battre les grains aussitôt après la récolte ?

— *Lorsqu'on peut disposer de granges ou de hangars, il est préférable d'attendre l'hiver pour exécuter ce travail.*

158 —Quels sont les avantages de cette méthode?

— *Les grains qui ont achevé leur maturité dans la paille sont de meilleure qualité. Les animaux préfèrent la paille fraîche battue.*

En battant pendant l'hiver, on occupe des ouvriers qui n'auraient rien à faire, et on a pu profiter des belles journées d'été pour exécuter des travaux très-utiles.

159 — Quels sont les avantages des machines à battre ?

— *Elles battent plus net que le fléau, le grain est plus propre, la paille est meilleure, on ne craint pas autant d'être surpris par les orages, le travail se fait beaucoup plus promptement et avec moins de fatiguepour les hommes.*

160 — Ne sème-t-on pas aussi du froment au printemps?

— Le froment de printemps est une espèce précieuse pour utiliser les terrains qui ne peuvent être semés avant l'hiver, et en général il réussit mieux après les plantes sarclées que le froment semé en automne.

161 — A quelle époque convient-il de le semer?

— Le plus tôt possible, aussitôt que la terre est bien ressuyée, fin de février et commencement de mars.

162 — Ne doit-on pas le semer plus épais que le froment d'hiver?

— Comme il n'a pas autant de temps pour s'enraciner et taler, il faut un peu plus de semence.

163 — Les hersages sont-ils nécessaires?
Lorsqu'il est bien levé, un léger trait de herse est très-favorable, parce qu'il détruit les mauvaises herbes qui ont levé avec le froment et qui sont moins enracinées.

2.

164 — Peut-on semer du trèfle dans le froment de printemps?

— *Il y réussit très-bien. Comme il serait trop tôt de le semer en même temps que le froment, on profite, pour enterrer la graine, du hersage dont nous venons de parler.*

165 — Quel est le sol qui convient au seigle ?

— *Les sols légèrs et sablonneux; il ne craint pas les terrains nouvellement défrichés et réussit bien dans les terres de landes.*

166 — Le grain du seigle a-t-il une grande valeur?

— *Il est d'un prix beaucoup moins élevé que le froment; cependant, mélangé à ce dernier grain, il fait un pain nourrissant et d'une facile digestion.*

167 — La culture **du seigle est-elle très-ré**pandue ?

— *Elle diminue chaque jour; à mesure que l'agriculture fait des progrès, on relègue le seigle dans les terres trop maigres ou trop légères pour porter du froment.*

168 — Quelle est la préparation qui convient au seigle ?

— *Il réussit bien après le sarrasin et après toutes les récoltes qui laissent la terre très-meuble.*

169 — Viendrait-il, comme le froment, sur un trèfle rompu par un seul labour?

— *Après un trèfle, il vaut mieux semer du froment, le seigle veut une terre plus ameublie.*

170 — A quelle époque le sème-t-on?

— *Un peu avant le froment, et toujours, autant que possible, par un beau temps.*

171 — Au printemps exige-t-il les mêmes soins que le froment?

— *Les hersages et le coup de rouleau ne sont pas aussi indispensables ; cependant, ils sont très-profitables.*

172 — A quelle époque coupe-t-on le seigle?

— *Avant le froment, lorsque la paille blanchit et que les nœuds ont entièrement perdu leur couleur verte.*

173 — Ne sème-t-on pas quelquefois du seigle et du froment mélangés?

— *Ce mélange, connu sous le nom de méteil*

a été fort en usage ; mais il disparaît chaque jour.

174 — La paille de seigle est-elle de bonne qualité?

— *Comme nourriture du bétail, c'est la moins bonne. Pour faire des toits, des liens, des paillassons, des siéges de chaises, elle est la meilleure et la plus recherchée.*

175 — Le seigle n'est-il pas semé aussi pour être fauché en vert?

— *Quoique ce fourrage ne soit pas très-substantiel, il est précieux au printemps pour succéder aux fourrages de navets et de colza qui ne pourraient aller jusqu'à la première coupe des trèfles.*

176 — Quelles sont les terres qui conviennent à l'orge?

— *Les sols profonds, frais et substantiels.*

177 — Peut-on la semer dans les terres nouvellement défrichées?

— *Elle redoute encore plus que le froment les terrains qui contiennent de l'humus acide ou astringent et ceux qui sont mal égouttés.*

178 — Compte-t-on grand nombre d'espèces d'orges?

— *On cultive des orges à deux, à quatre et à six rangs; elles exigent toutes le même sol et les mêmes soins.*

179 — Quelle préparation doit-on faire pour l'orge?

— *Elle veut un sol bien ameubli et bien engraissé. C'est surtout après les récoltes sarclées qu'il convient de la placer et jamais après une autre céréale.*

180 — A quelle époque sème-t-on?

— *Les orges d'hiver se sèment dans le courant de septembre et dans les premiers jours d'octobre.*

Les orges de printemps, en mars ou en avril.

181 — La culture de l'orge d'hiver est-elle bien répandue?

— *Beaucoup moins que celle de printemps.*

182 — Sème-t-on dans toutes les terres à la même époque?

— *Dans les sols légers et chauds, on sème de bonne heure, en mars. Dans les terres argileuses et froides, un peu plus tard, en avril.*

183 — Quelle quantité de semence emploie-t-on par hectare?

— *Comme pour le froment, comme pour le seigle et tous les grains, la quantité varie suivant l'état du sol. En terre bien préparée, un hectolitre et demi par hectare donne une meilleure récolte que deux hectolitres et demi dans un sol en mauvais état.*

184 — A quelle époque doit-on couper l'orge?

— *Lorsque la paille est jaune et que les épis s'abaissent vers la terre. Dans quelques espèces, la paille est très-fragile à la base de l'épi, et si on les laisse trop mûrir, on en perd beaucoup.*

185 — Ne sème-t-on pas aussi quelquefois des orges d'hiver pour fourrages de printemps?

— *Ce fourrage est plus substantiel que le seigle, mais ce dernier est plus rustique et moins exigeant.*

186 — Quel est le sol qui convient à l'avoine?

— *C'est la plus vigoureuse de toutes les céréales. Elle vient dans tous les terrains; cependant elle préfère les terres un peu argileuses.*

187 — Après quelles récoltes doit-on placer l'avoine?

— *Elle réussit après toute espèce de culture; mais il faut éviter avec soin de la mettre après une autre céréale. Sur une prairie naturelle ou artificielle rompue par un seul labour, elle donne un très-bon produit.*

188 — La méthode si répandue de semer l'avoine après le froment n'est-elle pas désastreuse?

— *C'est la plus mauvaise culture qu'on puisse faire. L'avoine étant très-vigoureuse, prend le peu qui reste dans le sol, et permet aux mauvaises herbes de se propager à l'infini.*

189 — A quelle époque sème-t-on l'avoine?

— *Les avoines d'hiver, en septembre ou octobre ; celles de printemps, en février ou mars.*

190 — Quelle quantité de semence emploie-t-on par hectare?

— *De deux à deux hectolitres et demi, suivant l'époque et suivant l'état du sol.*

191 — Quels soins doit-on donner pendant la végétation?

— Un trait de herse et un coup de rouleau, puis comme pour les autres céréales, des sarclages.

192 — A quelle époque coupe-t-on?

— Lorsque la paille jaunit et que les nœuds sont encore un peu verts.

193 — Pourquoi coupe-t-on avant la complète maturité?

— Parce que l'avoine s'égraine très-facilement lorsqu'elle est trop mûre, et qu'elle peut achever de mûrir en javelles sur le sol.

194 — N'est-il pas bon que l'avoine coupée reçoive un peu de pluie?

— Elle se bat mieux et le grain est de meilleure qualité ; mais il ne faut pas exagérer la méthode du javelage, comme cela se pratique quelquefois.

195 — La paille d'avoine est-elle de bonne qualité?

— C'est une des meilleures pour la nourriture du bétail à cornes.

196 — La culture de l'avoine est-elle avantageuse?

— C'est une des céréales les plus productives,

qui n'épuise pas plus le sol que les autres,
quand elle est bien placée dans l'assolement,
et dont le grain se vend toujours très-facilement.

197 — Le sarrasin doit-il être considéré comme
une céréale ?

— *Quoique son grain soit employé aux mêmes
usages, il ne doit pas être classé parmi les
céréales, car il appartient à une tout autre
famille.*

198 — Quelles sont les terres qui conviennent
au sarrasin ?

— *Les sols légers et meubles.*
*Dans les terres de landes et les terres nouvel-
lement défrichées, c'est souvent le meilleur
et le seul produit qu'on puisse obtenir.*

199 — Quels engrais demande-t-il ?

— *Il est peu exigeant ; il s'arrange de tous
les fumiers, et surtout des engrais en poudre à cause de sa végétation très-rapide.*

200 —Après quelles récoltes doit-on le placer ?

— *Il réussit après toutes les récoltes, et forme
une très-bonne préparation pour les céréales.*

201 — Quel travail doit-on donner au sol pour le sarrasin?

— *Deux ou trois labours, des hersages et roulages, jusqu'à ce que la terre soit très-meuble.*

202 — A quelle époque sème-t-on?

— *Fin de mai, première quinzaine de juin et même jusqu'à la fin de ce mois.*

203 — Quelle quantité de semence emploie-t-on par hectare ?

— *Un hectolitre au plus ; les semailles claires sont les meilleures.*

204 — N'existe-t-il pas une espèce de sarrasin qu'on peut semer plus tôt ou plus tard ?

— *Le sarrasin de Tartarie craint moins les petites gelées ; on peut donc le semer dès le commencement de mai et jusqu'en juillet.*

205 — Le grain est-il de bonne qualité ?

— *Il est moins estimé que le sarrasin commun, et ne peut guère convenir que pour les bestiaux. Ses grains ont l'inconvénient de se conserver dans le sol et de relever dans les récoltes de printemps qui suivent.*

206 — A quelle époque récolte-t-on le sarrasin?

— *La maturité du sarrasin est très-inégale. On le coupe lorsque la plus grande partie des grains sont noirs. Si l'on attendait la complète maturité, on en perdrait une grande quantité.*

207 — A quel usage peut-on employer la paille de sarrasin ?

— *Elle fait de très-bonne litière.*

PLANTES SARCLÉES

208 — Qu'entend-on par plantes sarclées ?

— *Celles dont la culture exige des sarclages et des binages. Ce sont principalement les racines cultivées pour la nourriture des animaux.*

209 — Quelle est leur utilité ?

— *Les plantes sarclées doivent tenir une large place dans l'assolement. Elles nettoyent le sol, forcent à le bien préparer, forment la base de la nourriture du bétail pendant l'hiver, et augmentent ainsi la quantité et la qualité du fumier.*

210 — Citez les plantes sarclées le plus généralement cultivées ?

— *Les pommes de terre,*

— *Les betteraves,*

— *Les carottes et les panais,*

— *Les navets, rutabagas, choux-navets,*

— *Les choux.*

211 — Quelles sont les terres qui conviennent à la pomme de terre ?

— *Elle réussit à peu près dans tous les terrains ; mais le produit est de meilleure qualité dans les sols légers.*

212 — Quels sont les engrais qui lui conviennent?

— *Sa végétation étant très-vigoureuse, elle s'accommode de tous les fumiers et même de ceux dont la décomposition est la plus difficile.*

213 — Après quelles récoltes doit-on placer les pommes de terre ?

— *Elles réussissent très-bien sur une prairie naturelle ou artificielle rompue par un seul labour et après toutes les récoltes.*

214 — Quelle doit être sa place dans l'assolement ?

— *Comme toutes les plantes sarclées, elle doit être placée au commencement de l'assolement sur les terres les plus malpropres, afin de les nettoyer.*

215 — Convient-il de les fumer fortement ?

— *Les pommes de terre et les autres racines sarclées doivent recevoir la fumure qui profitera ensuite aux autres plantes de la rotation.*

216 — Après une céréale, quels travaux doit-on faire pour préparer le sol destiné aux pommes de terre ?

— *Un labour d'automne, deux de printemps, puis des hersages et roulages.*

217 — Après une récolte dérobée de fourrages printanniers, tels que navets, colza, seigle, est-il besoin de plusieurs labours ?

— *Un seul suffit.*

218 — A quelle époque plante-t-on les pommes de terre ?

— *De mars en mai. D'abord dans les terres*

légères, et ensuite dans les terres argileuses.

119 — Comment les plante-t-on ?

— *Ordinairement sous raies, quelquefois dans les lignes tracées par le buttoir, lorsque la terre est très-meuble.*

220 — Comment les espace-t-on ?

— *On laisse deux raies vides et on les plante dans la troisième pour les espèces tardives ; pour les espèces précoces, on les met de deux raies l'une.*

221 — Comment doit-on disposer les tubercules dans la raie ?

— *Il faut les mettre au milieu de la bande de terre retournée par la charrue, afin qu'ils se trouvent dans la terre meuble et à l'abri d'une trop grande humidité*

222 — Doit-on planter de grosses ou de petites pommes de terre ?

— *Les moyennes et les grosses, coupées donnent de plus beaux produits que les petites entières.*

223 — Après la plantation, que doit-on faire ?

— *Herser et rouler, s'il y a des mottes.*

224 — Quels soins les pommes de terre exigent-elles pendant la végétation?

— *Un fort hersage à l'instant où les tiges percent la terre. Ensuite des binages énergiques et des sarclages fréquents, puis le buttage avant la floraison.*

225 — Peut-on couper les feuilles des pommes de terre pour les donner au bétail?

— *Outre qu'elles sont une mauvaise nourriture pour les animaux, en les enlevant, on diminue considérablement la récolte des tubercules.*

226 — A quelle époque doit-on arracher les pommes de terre?

— *Lorsque les tiges et les feuilles sont sèches.*

227 — Comment les arrache-t-on?

— *Avec le buttoir que l'on fait passer sous les lignes, en prenant d'abord de deux l'une.*

228 — Comment conserve-t-on les pommes de terre?

— *Dans les silos, ou dans les celliers : mais il faut toujours avoir grand soin de les mettre dans un lieu obscur et à l'abri du froid.*

229 — Si elles étaient en contact avec la lumière, qu'arriverait-il ?

— *Elles verdiraient, prendraient un mauvais goût et pourraient devenir nuisibles.*

230 — A quoi servent les pommes de terre?

— *Elles sont une précieuse nourriture pour l'homme et les animaux. On peut en extraire de la fécule, espèce de farine très-nourrissante aussi.*

231 — A quel usage emploie-t-on les betteraves?

— *Elles peuvent servir de base pour la nourriture du bétail pendant l'hiver ; on en extrait aussi du sucre et de l'alcool.*

232 — Quelles sont les espèces les plus cultivées?

— *Les roses, dites disettes, sont les plus rustiques, mais elles sont moins nourrissantes que les autres espèces.*

Les globes-jaunes conviennent bien pour la nourriture du bétail.

Les blanches sont préférées pour les sucreries et pour les distilleries.

233 — Quels sont les sols qui conviennent aux betteraves ?

— *Les sols argileux et profonds.*

234 — Quelle préparation doit-on faire subir aux terrains destinés à recevoir des betteraves ?

— *Il faut les ameublir par deux ou trois labours d'automne et de printemps puis par des hersages.*

235 — Quand faut-il mettre le fumier ?

Une partie en automne, au premier labour ; puis le reste dans les billons, à l'époque de la semaille ou de la plantation.

236 — Comment sème-t-on ?

— *De deux manières : en pépinière, pour transplanter ensuite, ou à demeure.*

237 — A quelle époque fait-on les semis ?

— *En mars ou en avril, pour replanter en mai ou au commencement de juin.*

238 — Comment les fait-on ?

— *En lignes espacées de 25 à 30 centimètres, sur un sol profondément béché et très-fortement fumé, car il est important que le plant pousse vigoureusement.*

239 — A quelle distance transplante-t-on ?

— *Sur petits ados de deux bandes espacés de 70 à 80 centimètres ; et sur la ligne, de 40 à 50 centimètres de distance.*

240 — Quand doit-on semer sur place ?

— *De mars à mai.*

241 — Comment fait-on les ados ou petits billons sur lesquels on sème ou on plante les betteraves ?

— *On fait d'abord ces billons de deux raies puis on remplit le sillon de fumier. On refend ensuite les billons de manière à recouvrir le fumier qui se trouve ainsi au milieu du billon.*

242 — Quels soins doit-on donner aux betteraves ?

— *Lorsqu'elles ont trois ou quatre feuilles, on les éclaircit ; puis on les bine et on les sarcle de manière à ce que la terre soit toujours meuble et bien propre.*

243 — Doit-on effeuiller les betteraves ?

— *L'effeuillage est toujours très-nuisible à la plante, et les feuilles sont une mauvaise nourriture pour le bétail.*

244 — A quelle époque récolte-t-on les betteraves ?

— *En octobre.*

245 — Comment les conserve-t-on ?

— *Dans les celliers, et encore mieux en silos.*

246 — Quelles sont les terres qui conviennent
à la culture des carottes et des panais ?

— *Les sols légers et profonds.*

247 — Comment doit-on préparer la terre ?

— *Comme pour les betteraves.*

248 — Sème-t-on les carottes sur place ou en
pépinière ?

— *Elles doivent toujours être semées à demeure, en lignes un peu plus rapprochées
que celles des betteraves. La graine doit
être moins recouverte.*

249 — Quels soins faut-il donner aux carottes
pendant leur végétation ?

— *Après les avoir éclaircies, on doit les
biner et sarcler comme les betteraves.*

250 — A quelle époque les arrache-t-on ?

— *Comme elles sont moins sensibles à la ge-
lée que les betteraves, on peut les récolter
plus tard.*

251 — Comment les conserve-t-on ?

— *En silos ou dans les caves.*

252 — Les carottes sont-elles une bonne nourriture pour le bétail ?

— *Tous les animaux les recherchent, et pour les chevaux, elles peuvent remplacer une partie de la ration d'avoine.*

253 — Quels sont les sols qui conviennent aux rutabagas, choux-navets et navets ?

— *Les terrains nouvellement défrichés et qui sont encore un peu acides. Ils réussissent du reste dans toutes les terres.*

254 — A quelle époque sème-t-on les rutabagas et les choux-navets ?

— *En pépinière, au printemps, pour être repiqués comme les betteraves.*

255 — En quelle saison sème-t-on les navets ?

— *Toujours sur place, au printemps ou en août, lorsqu'on les cultive pour leurs racines.*

256 — Ne sème-t-on pas encore les navets pour fourrage de printemps ?

— *Après une céréale, on les sème fin d'août*

sur un léger labour, et on obtient un fourrage très-abondant en avril.

257 — Les feuilles de rutabagas et de choux-
navets sont-elles propres à la nourriture du
bétail?

— *Elles sont bien préférables à celles des
betteraves; mais on ne doit les enlever
qu'à l'époque de l'arrachage.*

258 — Comment conserve-t-on les rutabagas et
les choux-navets?

— *Ils gèlent difficilement, et on peut les
laisser en terre jusqu'aux grands froids.
Leur conservation en silos est moins assurée que celle des betteraves.*

259 — Indiquez la manière de faire des silos.

— *On creuse une fosse de 1 mètre 50 à 1
mètre 70 de largeur sur 30 centimètres
environ de profondeur.*

260 — La profondeur de cette fosse doit-elle être
toujours la même dans toutes les terres?

— *Dans les terrains très-humides, on donne
moins de profondeur, dans les terres sèches, on peut aller jusqu'à 50 centimètres et plus.*

261 — Comment dispose-t-on les racines dans les silos ?

— *En tas offrant deux plans inclinés réunis au sommet comme le toit d'une maison.*

262 — De quelle épaisseur de terre doit-on recouvrir les racines ?

— *De 50 à 60 centimètres environ.*

263 — Comment évite-t-on que l'eau se rende dans les silos ?

— *On creuse tout autour de petits fossés plus profonds que la fosse où sont les racines, et la terre qui en sort sert à recouvrir les tas.*

264 — Que pensez-vous de la culture du chou branchu, chou du Poitou, chou cavalier et de toutes les variétés de choux ?

— *Cette récolte fourragère est une des plus précieuses pour la nourriture du bétail à cornes.*

265 — En quelle terre doit-on les cultiver ?

— *Ils sont peu exigeants sur la nature du terrain et viennent partout.*

Dans les sols nouvellement défrichés, ils

réussissent bien mieux que les racines.

266 — A quelle époque sème-t-on les choux?

— *Au printemps, pour être transplantés en juin et consommés en hiver ; en septembre et octobre, pour être replantés fin d'avril, commencement de mai et consommés en automne.*

267 — Quels soins exigent les choux?

— *Des sarclages, des binages et des buttages.*

268 — Convient-il d'enlever les feuilles de choux ou vaut-il mieux les couper par le pied?

— *En effeuillant, on obtient une plus grande quantité de fourrage, mais ce travail est dispendieux.*

269 — Quels sont les grands avantages des choux?

— *Ils sont peu exigeants, prospèrent à peu près dans tous les terrains, fournissent, en août, septembre et octobre, une nourriture fraîche qu'on ne pourrait guère obtenir avec d'autres plantes, et en hiver, c'est le seul fourrage vert qu'on puisse conserver.*

Mais ils sont aqueux et moins nourrissants que les racines fourragères.

PLANTES OLÉAGINEUSES, TEXTILES, INDÚS-TRIELLES, ETC.

270 — A quel groupe de plantes appartient le colza ?

— A la grande famille des crucifères, au genre chou.

271 — Pour quel usage le cultive-t-on ?

—. Ses graines contiennent une grande quantité d'huile employée à un grand nombre d'usages. On le sème aussi comme fourrage, pour le bétail.

272 — Quels sont les sols qui lui conviennent?

— Comme les choux, il réussit dans tous les terrains, mais il préfère les sols argileux, profonds et frais.

273 — Peut-on le placer dans les terres nouvellement défrichées ?

— Il y réussit très-bien, et comme toutes les plantes de la même famille, il ne redoute pas l'âcreté et l'acidité du sol.

274 — Les terrains très-humides lui conviennent-ils?

— *Les terrains d'alluvion, les sols frais où les prairies prospèrent lui sont très-convenables, mais il faut qu'ils soient parfaitement égouttés.*

275 — Après quelles récoltes doit-on le placer !

— *Sur une prairie naturelle ou artificielle rompue par un seul labour, il donne un beau produit et fait une bonne préparation pour les céréales.*

276 — Peut-on le placer après les céréales?

— *Le colza réussit après toutes les récoltes, à l'exception de celles des plantes de la même famille.*

277 — Comment sème-t-on le colza?

— *En place ou en semis, pour être replanté.*

278 — A quelle époque sème-t-on?

— *Lorsqu'on sème sur place, dans la seconde quinzaine d'août. En pépinière, un peu plus tôt, de manière à avoir de forts plants.*

279 — Comment doit-on faire les semis de colza?

— *Ils doivent être placés en terre très-riche. Si le temps est sec, il est bon de donner un coup de rouleau.*

280 — En quelles circonstances les semis sont ils le plus assurés ?

— *Lorsqu'on peut les faire vingt-quatre heures après une petite pluie.*

281 — Comment plante-t-on ?

— *A la charrue ou au plantoir.*

282 — Quelle est la meilleure méthode ?

— *Lorsque la terre est meuble et qu'on a un bon laboureur, la plantation se fait bien à la charrue ; cependant, le plantoir semble préférable.*

283 — A quelle distance plante-t-on ?

— *Lorsqu'on a de fort plant et qu'on repique de bonne heure dans un sol riche, on met 50 à 60 centimètres entre les lignes et 30 à 50 entre les plants sur la ligne.*

Si l'on plante tard, on met moins d'écartement.

284 — A quoi doit-on tenir surtout en plantant ?

— *Les pieds de colza doivent être enterrés*

*jusqu'au collet. Si leurs tiges étiolées s'é-
lèvent au-dessus de la terre, ils gèlent in-
failliblement.*

285 — Les semis sur place sont-ils préférables
au repiquage?

— *En général, le colza repiqué est plus assuré; cependant, on obtient de fort belles
récoltes en semant sur place en lignes.*

286 — Quels soins doit-on donner au colza?

— *Des binages et sarclages.*

287 — Quand faut-il le couper?

— *Lorsqu'un tiers à peine des siliques contiennent des graines noires.*

288 — Comment dispose-t-on le colza pour le
laisser achever sa maturité?

— *En tas de 2 mètres de hauteur, en ayant
soin de placer les javelles circulairement,
la tête au centre, et diminuant de diamètre
graduellement.*

289 — Quel moyen emploie-t-on pour transporter les tas lorsqu'ils sont secs?

— *On les enlève en passant dessous deux bâ-
tons, et on les dépose sur une espèce de
civière garnie de toile.*

290 — Comment bat-on le colza?

— *Au fléau, sur des bâches en toile, ou bien au moyen de machines à battre.*

291 — Quels soins doit-on donner à la graine après le battage?

— *On la laisse pendant une huitaine de jours étendue sur les greniers avec une partie des siliques, et on la remue souvent.*

292 — Ne cultive-t-on pas d'autres plantes dont les graines produisent de l'huile?

— *Les pavots, la cameline, la navette, la moutarde, etc.*

293 — Ne cultive-t-on pas aussi la moutarde blanche comme fourrage?

— *Les animaux n'en sont pas très-friands; cependant, semée en août et même en septembre, elle produit un fourrage abondant, qu'on est quelquefois très-heureux de trouver en octobre.*

294 — Quelles sont les terres qui conviennent au chanvre?

— *Les sols riches, profonds, et surtout les terrains d'alluvion.*

295 — Comment doit-on préparer la terre destinée au chanvre ?

— *Elle doit d'abord être fumée fortement,
puis recevoir plusieurs labours profonds.*

296 — A quelle époque le sème-t-on ?

— *En mai, à raison de trois hectolitres par
hectare.*

297 — Ne peut-on pas semer plus ou moins
épais ?

— *Lorsqu'on veut de grosse filasse, très-
forte, on sème très-clair ; quand on désire
de la filasse fine, on sème plus épais.*

298 — A quelle époque récolte-t-on le chanvre ?

— *Lorsque le chanvre mâle est défleuri, on
l'arrache. On laisse le chanvre femelle sur
pied jusqu'à ce que la graine soit mûre.*

299 — Doit-on faire revenir le chanvre souvent
sur le même terrain ?

— *Il fait exception à la règle commune et
peut être sans interruption cultivé sur le
même sol pendant très-longtemps.*

300 — Quelles sont les terres qui conviennent
au lin ?

— *Les sols de bonne qualité, bien engraissés*

depuis longtemps, et autant que possible assez riches pour qu'il ne soit pas besoin de les fumer immédiatement avant la semaille.

301 — Pourquoi n'est-il pas bon d'appliquer les fumiers directement à la culture du lin ?

— *Quelques brins pousseraient trop vigoureusement, les autres resteraient faibles, et cette inégalité nuirait beauconp à la valeur du produit.*

302 — Quelle préparation doit-on faire subir à la terre destinée à recevoir le lin ?

— *Sur une prairie naturelle ou artificielle, un seul labour suffit. Après une céréale, on donne plusieurs labours.*

303 — A quelle époque sème-t-on le lin ?

— *Les semailles de lin d'hiver se font en automne; celui de printemps se sème en mars ou avril.*

304 — Quelle quantité de semence emploie-t-on par hectare ?

— *De deux à trois hectolitres, suivant qu'on veut, comme pour le chanvre, avoir de la filasse plus ou moins fine.*

305 — A quelle époque récolte-t-on le lin?

— *Quand les feuilles jaunissent, on l'arrache, on le met en bottes, puis on le bat lorsque les têtes qui contiennent la graine sont sèches.*

306 — Dans quel but fait-on rouir le lin et le chanvre?

— *Pour dissoudre la matière gommeuse qui relie les fibres entre elles.*

307 — Quelle préparation leur fait-on subir après le rouissage?

— *On les fait sécher à l'air et au four, puis on les broie pour séparer la filasse et la débarrasser de la chènevotte.*

308 — Le lin peut-il revenir successivement plusieurs années sur le même sol?

— *Il faut avoir soin de mettre un long intervalle entre deux récoltes de lin.*

309 — Peut-on cultiver en plein champ les fèves et les haricots?

— *Ces cultures forment une bonne préparation pour les céréales.*

310 — Quelles sont les terres qui leur conviennent?

— *Les sols argileux pour les fèves; les sols sablonneux pour les haricots.*

311 — **A quelle époque sème-t-on ?**

— *Les fèves se sèment ordinairement en lignes, en février ou mars; les haricots se sèment en mai, et doivent être enterrés moins profondément.*

Prairies naturelles.

312 — **Qu'entend-on par prairies naturelles ?**

— *Celles qui se forment et se soutiennent sans le concours du cultivateur. Elles sont principalement composées d'herbes de la famille des graminées.*

313 — **Quels sont les soins d'entretien qu'on doit leur donner ?**

— *Les irriguer, les débarrasser des eaux stagnantes, les couvrir de terreaux, les herser au printemps, et surtout éviter d'y mettre le bétail lorsque la terre est humide.*

314 — **Quelles sont les meilleures prairies naturelles ?**

— *Celles qui se trouvent placées aux bords des rivières sur des terrains d'alluvion, et qui sont engraissées chaque année par les débordements.*

315 — Comment doit-on préparer la terre lorsqu'on veut faire une prairie naturelle?

— *Elle doit d'abord être améliorée par la culture d'une ou deux plantes sarclées, puis dressée et parfaitement nivelée.*

316 — A quelle époque sème-t-on les graines de prairies naturelles?

— *Au printemps, dans une céréale, ou bien seules, en août et septembre.*

17 — Quelles sont les graines qu'on doit préférer?

— *Celles qui proviennent de foin de bonne qualité.*

318 — Quelles graines devrait-on mélanger si l'on ne pouvait se procurer de bonne graine de foin?

— *Un mélange de ray-grass, de trèfle, de lupuline et de différentes graminées peut former de bonnes prairies naturelles.*

319 — Comment recouvre-t-on les semences ?

— *D'un léger trait de herse ou d'un coup de rouleau.*

320 — Est-il avantageux de labourer les prairies naturelles ?

— *Lorsque ce ne sont pas des prairies trop basses, il est avantageux de les labourer quelquefois. Elles produisent de belles récoltes de pommes de terre, de colza, de lin, d'avoine, etc.; mais il ne faut pas épuiser le sol avant de le remettre en prairie.*

Prairies artificielles.

321 — Qu'entend-on par prairies artificielles ?
— *Des champs ensemencés en plantes fourragères.*

322 — Pourquoi les prairies artificielles sont-elles considérées comme une des plus grandes ressources de l'agriculture ?

— *Elles forment la base des bons assolements alternes.*

C'est avec leur secours qu'on peut entretenir une grande quantité de bétail.

Elles produisent plus de nourriture que les prairies naturelles et sont d'un prix de fermage beaucoup moins élevé.

323 — Les prairies artificielles forment-elles une bonne préparation pour les céréales?

— *Toutes les cultures réussissent très-bien après les plantes fourragères.*

324 — Pensez-vous que la culture des fourrages diminue le produit des grains ?

— *Elle l'accroît, au contraire, considérablement par l'augmentation des fumiers, par le bon état où elle laisse le sol, en permettant de mettre un intervalle entre les cultures de céréales.*

325 — Quelles sont les plantes qui constituent le plus ordinairement les prairies artificielles ?

— *Les trèfles, les luzernes, le sainfoin, les vesces, la chicorée, les ray-grass, l'ajonc, etc.*

326 — Quelles sont les terres qui conviennent au trèfle ?

— Les sols un peu argileux, contenant du calcaire.

327 — Les terrains entièrement dépourvus de calcaire peuvent-ils produire de beaux trèfles ?

— Il est rare qu'il prospère sur ces sortes de terres.

328 — Les amendements calcaires ne sont-ils pas un moyen à peu près assuré d'obtenir des trèfles sur les sols qui ne contiennent pas cet élément ?

— Il est rare qu'avec le secours de la marne, de la chaux, des sables coquillers, de la tangue, etc., on n'obtienne pas de belles récoltes de trèfle.

329 — A quelle époque le sème-t-on ?

— En mars, dans les terres légères ; fin d'avril et même en mai, sur les sols argileux.

330 — Quelle préparation fait-on subir à la terre qui doit recevoir le trèfle ?

— Ordinairement on sème dans une céréale, quelquefois dans le sarrasin.

331 — Combien faut-il de graine par hectare ?

— De vingt-cinq à trente kilogrammes.

332 — Comment la recouvre-t-on?

— Au moyen d'une légère herse spéciale pour ce travail, ou avec une herse garnie de branches d'épines, ou par un coup de rouleau.

333 — Sème-t-on toujours le trèfle immédiatement après que la céréale a été recouverte ?

— On peut semer aussitôt après que la céréale a été recouverte ou bien attendre qu'elle soit levée et assez enracinée pour résister à un léger hersage.

334 — Lorsqu'on attend que la céréale soit levée pour semer la graine de trèfle, comment faut-il faire?

— On donne d'abord un coup de herse pour ameublir la surface du sol et détruire une partie des mauvaises herbes qui ont levé avec la céréale, puis on sème le trèfle, et on le recouvre comme nous l'avons indiqué.

335 — Peut-on semer le trèfle dans une céréale d'hiver ?

— Lorsqu'on herse les froments au printemps, on profite de l'ameublissement du

sol par ce hersage pour semer la graine de trèfle.

336 — Quel aspect doit avoir la graine de bonne qualité?

— *Elle doit être bien pleine et luisante, violette ou jaune. La vieille graine a une couleur terne et plus foncée.*

337 — Le trèfle revient-il bien plusieurs années de suite sur le même terrain?

— *Il faut un intervalle de quatre à six années au moins pour obtenir de belles récoltes de trèfle.*

338 — Où doit-il être placé dans l'assolement?

— *Dans la céréale qui suit immédiatement les plantes sarclées.*

339 — A quelle époque doit-on commencer à couper le trèfle?

— *Le plus tôt possible, dès que la faux peut l'atteindre.*

340 — Quel est l'avantage de couper de très-bonne heure?

— *Afin que le trèfle fauché le premier soit assez repoussé pour succéder immédiatement à la fin de la première coupe, sans interruption.*

341 — Ne peut-on pas aussi faire du foin sec avec le trèfle ?

— *Il donne un très-bon fourrage lorsqu'il a été bien séché et bien récolté.*

342 — A quelle époque doit-on faucher le trèfle pour le faire sècher?

— *Lorsqu'il est en pleine fleur. A cette époque, il jouit au plus haut degré de toutes ses propriétés nutritives.*

343 — Pourquoi prend-on ordinairement la graine sur la seconde coupe?

— *Parce que la première et la troisième fleurissent plus inégalement et dans des conditions moins favorables.*

344 — A quelle époque récolte-t-on la graine?

— *Lorsqu'elle est bien mûre, c'est-à-dire, lorsqu'on trouve une grande quantité de graines violettes.*

345 — Comment retire-t-on la graine de son enveloppe?

— *Au moyen de machines spéciales, de machines à battre ou du fléau; mais ce dernier moyen est lent et dispendieux.*

346 — Lorsque le trèfle a été semé dans une

céréale peu fumée, quels sont les engrais qu'on doit lui donner?

— *Les terreaux dans lesquels on a mis de la chaux, étendus à la fin de l'hiver et émiettés par un trait de herse, produisent un très-bon effet.*

347 — Le trèfle incarnat forme-t-il un aussi bon fourrage que le trèfle commun ?

— *C'est un très-bon fourrage, mais il est moins nourrissant.*

348 — Quels sont ses avantages ?

— *Il est très-précoce, peu exigeant sur la fertilité du sol; il occupe la terre à une époque où elle ne produirait rien; la graine est d'un prix peu élevé et les frais de culture sont peu considérables.*

349 — Produit-il beaucoup de fourrage ?

— *Il ne donne qu'une coupe, mais elle est très-fournie et très-abondante.*

350 — A quelle époque le sème-t-on ?

— *En août.*

351 — Comment la terre doit-elle être préparée?

— *Après une céréale, et lorsque la terre n'est pas dure, un fort hersage suffit; lorsque le sol est trop ferme, on donne un léger labour.*

352 — Quelle quantité de graine emploie-t-on par hectare?

— *Environ trente kilogrammes.*

353 — Ne peut-on pas la semer dans son enveloppe?

— *C'est une très-bonne méthode, mais alors il en faut environ cent kilog.*

354 — Quelles sont les terres qui conviennent à ce trèfle?

— *Les sols sablonneux et surtout ceux qui contiennent du calcaire.*

355 — Pour faire du foin de trèfle incarnat, à quelle époque faut-il le couper?

— *Un peu avant la complète floraison.*

356 — Quelles récoltes convient-il de placer après le trèfle incarnat?

— *Il est enlevé d'assez bonne heure pour qu'on puisse planter des pommes de terre, des betteraves, semer du sarrasin, des haricots, du maïs-fourrage, ou planter des choux, etc.*

357 — Quelles sont les terres qui conviennent à la luzerne?

— *Elle veut un sol riche et profond et qui ne retienne pas d'humidité dans les couches inférieures.*

358 — Ne prospère-t-elle pas quelquefois dans les terrains de médiocre qualité?

— *Elle est beaucoup moins exigeante dans les terres qui contiennent du calcaire.*

359 — La luzerne donne-t-elle un bon fourrage?

— *C'est sans contredit le meilleur et le plus abondant.*

360 — Doit-on la couper comme fourrage vert ou la réduire en foin?

— *Comme fourrage vert, c'est une des plus précieuses récoltes, parce que ses racines s'enfonçant très-profondément, elle végète par les plus grandes sécheresses, lorsque tous les autres fourrages ne produisent plus rien.*

Elle fait aussi de très-bon foin.

361 — Quelle préparation donner au sol qui doit recevoir la luzerne?

— *On la sème comme le trèfle commun dans*

la céréale qui suit immédiatement une plante sarclée.

362 — A quelle époque sème-t-on la luzerne?

— *Fin d'avril et commencement de mai.*

363 — Combien met-on de graine par hectare?

— *Trente kilogrammes environ; il vaut mieux semer épais que clair dans certains sols.*

364 — La luzerne est-elle d'une longue durée?

— *Dans les sols qui lui conviennent elle est encore très-vigoureuse après quinze ou vingt ans.*

365 — Les coupes des premières années sont-elles abondantes?

— *Ce n'est guère que la troisième année qu'elle donne un produit abondant.*

366 — Quels sont les soins qu'elle exige

— *Des hersages très-énergiques au printemps, des sarclages et des terreaux calcaires avant ces hersages.*

367 — Quels sont les ennemis de la luzerne?

— *Toutes les mauvaises herbes qui la détruisent promptement et surtout la cuscute.*

368 — Sur quelle coupe récolte-t-on la graine?

— *Comme pour le trèfle, sur la seconde ; mais ce ne doit être que la dernière année, sur les luzernières qu'on veut détruire.*

369 — Après les luzernières, le sol est-il en bon état ?

— *Il est très-fertile et peut produire les récoltes les plus exigeantes.*

370 — Qu'est-ce que la lupuline ou minette dorée ?

— *C'est une petite luzerne d'une espèce moins vigoureuse et moins productive que la luzerne commune ; mais elle s'accommode des terrains maigres, secs et calcaires, où l'autre luzerne ne pourrait prospérer.*

371 — La lupuline dure-elle longtemps ?

— *Comme le trèfle commun, elle n'est productive que pendant deux années ; mais le fourrage en est de très-bonne qualité.*

372 — A quelle époque la sème-t-on ?

— *Au printemps, dans une céréale.*

373 — Quelles sont les terres qui conviennent au sainfoin ?

— *Les sols calcaires, même ceux qui sont de médiocre qualité.*

374 — Est-il besoin que la couche de terre soit profonde ?

— *Les racines pivotantes du sainfoin, comme celles de la luzerne, doivent trouver un sous-sol perméable dans lequel elles puissent s'introduire.*

375 — Le sainfoin est-il un bon fourrage ?

— *C'est un de ceux que les animaux recherchent le plus.*

376 — Doit-on le faire consommer en vert ou le conserver en foin sec ?

— *Consommé en vert, il est très-bon ; mais comme il ne donne ordinairement qu'une coupe, il vaut mieux le faucher lorsqu'il est en pleine fleur et le faire sécher.*

377 — Comment le sème-t-on ?

— *Comme le trèfle et la luzerne, dans une céréale ; mais la graine étant beaucoup plus grosse, il faut un hersage énergique pour l'enterrer.*

378 — Quelle quantité de graine emploie-t-on par hectare ?

— *Environ six hectolitres.*

379 — Le sainfoin exige-t-il des soins pendant la végétation ?

— *Comme la luzerne, il doit être entretenu propre, engraissé avec des terreaux et hersé au printemps.*

380 — Quelles sont les terres qui conviennent aux vesces ?

— *Elles donnent un fourrage très-abondant dans les sols argileux et argilo-calcaires; cependant, elles réussissent dans tous les terrains.*

381 — Le fourrage de vesces est-il de bonne qualité ?

— *Consommé en vert ou converti en foin sec, il est très-nutritif et recherché de tous les animaux.*

— Après quelles récoltes doit-on semer les vesces ?

— *Elles succèdent très-bien à toutes les cultures et forment une excellente préparation pour les céréales.*

383 — Les vesces donnent-elles plusieurs coupes ?

— *Une seule, mais elle est très-abondante.*

384 — Comment doit-on préparer le sol destiné à porter les vesces ?

— *Lorsqu'elles succèdent à une céréale, on peut les semer sur un seul labour ; il est préférable d'en donner deux.*

385 — Quelle quantité de graine emploie-t-on par hectare ?

— *Environ trois hectolitres, auxquels on a mêlé un quart de seigle et d'avoine.*

386 — Comment les recouvre-t-on ?

— *Ordinairement à la herse ou d'un trait d'extirpateur.*

387 — A quelle époque sème-t-on les vesces ?

— *En octobre et novembre ; ou au printemps, de février en mai.*

388 — Doit-on semer indistinctement la même graine en automne et au printemps ?

— *La graine récoltée sur les vesces d'hiver peut se semer en automne et au printemps, celle qui est récoltée sur les vesces de printemps ne convient pas autant pour être semée en automne.*

389 — Les vesces d'hiver sont-elles préférables à celles de printemps ?

— *Les vesces d'hiver peuvent remplacer la première coupe de trèfle, et celles de printemps la seconde.*

390 — A quelle famille appartiennent les ray grass ?

— *A celle des graminées.*

391 — Quel est leur usage ?

— *On les cultive seuls ou mélangés aux trèfles comme prairies artificielles ou bien pour former des prairies destinées à être abandonnées en prairies naturelles.*

392 — Existe-t-il plusieurs espèces de ray-grass ?

— *Il en existe deux : l'une dite d'Angleterre et l'autre d'Italie.*

393 — Quels sont leurs caractères ?

— *Le ray-grass d'Italie se distingue par une petite arête ou barbe à sa graine; ses feuilles et ses tiges sont plus tendres et plus longues que celles du ray-grass d'Angleterre.*

394 — Dans quelles circonstances doit-on cultiver le ray-grass d'Italie ?

— *Lorsqu'on veut une prairie destinée à être*

fauchée, le ray-grass d'Italie est préféra-
ble au ray-grass d'Angleterre, mais il est
plus délicat.

395 — A quel usage doit-on employer le ray-
grass d'Angleterre ?

— *A faire des pâturages, parce qu'il redoute*
peu le piétinement et la dent du bétail.

396 — Le foin de ray-grass est-il de bonne
qualité ?

— *Lorsqu'on le fauche de bonne heure, il fait*
de très-bon foin. Si l'on attend trop tard,
il est dur et de qualité médiocre.

397 — A quelle époque sème-t-on les ray-grass ?

— *Seuls en automne, ou au printemps dans*
une céréale.

398 — Comment doit-on enterrer la graine ?

— *Très-légèrement, d'un trait de herse ou*
d'un coup de rouleau, lorsque la terre est
sèche.

399 — Quelle quantité de graine emploie-t-on
par hectare ?

— *De cinquante à soixante kilogrammes.*

400 — Quelles sont les terres qui conviennent
au ray-grass ?

— Les sols frais et substantiels; cependant, on peut les cultiver partout.

401 — La chicorée sauvage est-elle un bon fourrage ?

— Les vaches ne la mangent pas avec autant d'avidité que le trèfle; mais c'est un de ceux qui profitent le plus aux porcs.

402 — Peut-on la réduire en foin sec ?

— Elle ne convient que pour être consommée en vert.

403 — Quelles sont les terres où elle réussit le mieux ?

— Les sols frais et profonds; on la rencontre presque toujours dans les terrains calcaires.

404 — Quelle préparation doit-on faire subir au sol destiné à recevoir la chicorée sauvage ?

— On la sème comme le trèfle, dans une céréale.

405 — Combien faut-il de graine par hectare?

— Environ quinze kilogrammes.

406 — Indiquez quelques-uns des fourrages supplémentaires d'été et d'automne?

— *Le maïs, le sorgho, le millet, les petits pois, etc.*

407 — L'ajonc peut-il être considéré comme un bon fourrage?

— *Dans l'hiver, c'est une des meilleures nourritures pour tous les animaux et surtout pour les chevaux.*

408 — Quels sont les avantages de la culture de l'ajonc?

— *Dans les terres où les fourrages plus exigeants ne pourraient réussir, on obtient de belles récoltes d'ajonc qui, passant par l'estomac des animaux et transformées en fumier, sont un puissant moyen d'amélioration.*

409 — Quelles sont les terres qui conviennent à ce fourrage?

— *Les terres de toute nature, et il prospère souvent dans les plus médiocres.*

410 — Peut-il s'accommoder des terres à sous-sol de mauvaise qualité?

— *Il pousse souvent avec vigueur dans les sols ferrugineux où tous les autres fourrages refuseraient de venir. On peut donc regarder l'ajonc comme ta tuzerne des terrains pauvres.*

411 — A quelle époque le sème-t-on?

— *Au printemps, dans une céréale.*

412 — Quelle quantité de graine emploie-t-on par hectare?

— *De douze à vingt kilogrammes.*

413 — A quelle époque coupe-t-on l'ajonc?

— *En hiver.*

414 — Comment le prépare-t-on pour la nourriture du bétail?

— *Pour les chevaux, il suffit de le couper avec un fort hache-paille; pour les bêtes à cornes, il faut en outre le broyer.*

415 —Tous les ajoncs sont-ils pourvus d'épines raides et dures ?

— *Quelques espèces, sans en être entièrement dépourvues, sont beaucoup moins dures, surtout lorsqu'ils sont semés très-épais.*

416 — Qu'entend-on par fenaison ?

— *L'opération au moyen de laquelle on transforme les fourrages en foin sec.*

417 — A quelle époque doit-on faucher ?

— *Lorsque les plantes qui composent les prai-*

ries naturelles ou artificielles sont en pleine fleur.

418 — Dans le travail du fauchage, que doit-on rechercher ?

— *L'herbe doit être coupée le plus ras possible, quatre à cinq centimètres pris à la base du foin font une quantité plus considérable que douze ou quinze à la partie supérieure.*

419 — Doit-on faner immédiatement derrière les faucheurs ?

— *On peut laisser le foin en* andains *pendant une journée. Dans cet état, une pluie ne lui est pas nuisible.*

420 — A quelle époque de la fenaison les pluies sont-elles nuisibles au foin ?

— *Lorsqu'il est très-avancé de sécher, elles lui enlèvent sa couleur, sa saveur et son parfum.*

421 — N'a-t-on pas employé des machines pour faner ?

— *Les faneuses à cheval accélèrent le travail, le font mieux, en permettant de diviser plus énergiquement le foin.*

G

422 — Comment reconnaît-on que le foin est sec?

— *En prenant les brins les plus gros et en s'assurant, au moyen d'une forte torsion, qu'ils ne contiennent plus d'humidité.*

423 — Le foin sec doit-il être ramassé immédiatement dans les granges ou dans les greniers?

— *Il est préférable de le laisser pendant quelques jours en gros tas, où une légère fermentation ajoute à sa qualité.*

424 — Le foin des prairies artificielles exige-t-il les mêmes soins que celui des prairies naturelles?

— *Composé en grande partie de plantes de la famille des légumineuses, il doit être tourné et retourné, mais non fané.*

425 — Pourquoi doit-on éviter de le faner?

— *Les feuilles minces et articulées de ces plantes, se desséchant et se brisant beaucoup plus rapidement que les grosses tiges remplies de sève, tomberaient et ne lais-*

seraient qu'un foin de médiocre qualité.

426 — Doit-on, comme pour le foin des prairies naturelles, le mettre en tas après la dessication?

— *Cette précaution est encore plus indispensable, car si on le rentrait immédiatement, la fermentation pourrait s'y produire si énergiquement qu'on serait forcé de le sortir pour le faner de nouveau.*

427 — N'emploie-t-on pas quelquefois la fermentation pour faire sécher promptement le foin des prairies artificielles et les regains?

— *Cette méthode est très-bonne. Elle consiste à le mettre en gros tas le jour même où il est coupé, ou le lendemain.*

428 — Doit-il rester longtemps en cet état?

— *Lorsque la fermentation est arrivée au point qu'il soit difficile de tenir la main dans le tas, et qu'il exhale une forte odeur de miel, on défait le tas et on l'étend un peu.*

429 — Le foin est-il suffisamment fait après cette première fermentation ?

— *Quand il est froid et un peu resséché, on reconstruit le tas en mettant à l'intérieur le fourrage qui était à l'extérieur et qui s'était moins échauffé.*

Lorsque la fermentation s'y est établie de nouveau, on défait la meule, on étend encore, et le foin sèche très-promptement.

430 — Les fourrages traités par cette méthode sont-ils de bonne qualité ?

— *Ils sont bruns et d'assez mauvaise apparence, mais leur conservation est facile et les animaux en sont très-friands.*

Assolements.

431 — Qu'entend-on par assolement ?

— *L'art de faire alterner les cultures sur le même sol pour en tirer constamment le plus grand produit aux moindres frais*

loebps.iss

432 — Sur quel grand principe repose surtout la théorie des assolements?

— *C'est que toutes les plantes ne puisent pas dans le sol les mêmes matières.*

433 — Comment entendez-vous que toutes les plantes ne produisent pas dans le sol les mêmes matières?

— *Les matières que nous avons indiquées comme base de la vie des plantes sont nécessaires à toutes ; mais certaines plantes, contenant une plus grande quantité de tels ou tels principes, et d'autres plantes contenant davantage de principes d'une autre nature, on peut penser que les unes puisent dans le sol une plus grande abondance de telle matière, et les autres une plus grande quantité de matières différentes.*

434 — Que conclure de là?

Que des plantes de même espéce, cultivées sans interruption sur le même sol, finiraient par lui avoir emprunté tout ce qu'il contenait de principes à leur convenance et ne pourraient plus y prospérer ; tandis

6.

que des plantes différentes y trouveraient encore les principes qui leur sont nécessaires.

43 ; — Puisque les plantes puisent dans le sol et dans l'atmosphère les principes nécessaires à l'entretien de leur existence, comme les animaux trouvent dans leur nourriture les principes nécessaires au soutien de leur vie, ne peut-on pas penser qu'il existe aussi une analogie entre les excréments que rejettent les animaux et certaines excrétions que les plantes pourraient laisser dans le sol?

— *De savants agriculteurs ont cru reconnaître, en effet, que les plantes laissent dans le sol comme des excrétions qui peuvent être favorables ou défavorables aux cultures et ne conviennent pas en général aux plantes de même espèce.*

436 — Quelle différence faites-vous entre une terre fatiguée et une terre épuisée?

— *La terre est lasse ou fatiguée, lorsque plusieurs plantes de même espèce ou de même famille ont pris dans le sol tous les principes qui peuvent leur convenir.*

La terre est épuisée, lorsque plusieurs ré-coltes d'espèces différentes ont absorbé presque toutes les matières nutritives qui s'y trouvaient.

437 — Quel profit tirerons-nous de toutes ces observations pour établir un bon assolement?

— *Pour ne pas fatiguer notre terre, nous éviterons avec grand soin d'y cultiver sans interruption des plantes de même espèce ou de même famille.*

438 — N'y a-t-il pas encore d'autres inconvénients à éviter pour avoir un bon assolement?

— *Il faut encore remarquer que les plantes dont les graines mûrissent sur le sol sont épuisantes. Par conséquent, on doit éviter de les répéter sans interruption sur le même sol.*

39 — Pourquoi les plantes dont les graines mûrissent sur le sol sont-elles épuisantes? *Parce que la graine est la partie de la plante qui exige le plus de sucs nourriciers.*

En outre, à l'époque de la maturité, les feuilles se desséchant, ne puisent plus rien dans l'atmosphère, et les racines doivent seules pourvoir à la formation des semences; elles empruntent donc davantage au sol.

De plus, elles laissent aux mauvaises herbes le temps de grainer.

440 — N'y a-t-il pas au contraire des cultures améliorantes et nettoyantes ?

— *Les fourrages qui ne doivent produire que des tiges et des feuilles empruntent peu au sol, lui abandonnent de nombreux débris, étouffent les mauvaises herbes ou du moins ne leur laissent pas le temps de grainer. Ils sont donc nettoyants et améliorants.*

Les racines fourragères et autres plantes sarclées exigent de profonds labours, une grande quantité de fumier, des sarclages et binages répétés. Ces cultures sont donc aussi nettoyantes et améliorantes.

441 — Quelle règle tirerons-nous de ces nouvelles remarques?

— Pour ne pas épuiser notre sol, nous ferons alterner les récoltes épuisantes avec les récoltes nettoyantes et améliorantes.

442 — Comment nomme-t-on un assolement établi sur les bases que nous venons d'indiquer?

— Assolement alterne.

443 — En quoi consiste donc l'assolement alterne ?

— L'assolement alterne consiste à ne pas cultiver sans interruption sur le même sol des plantes de même famille, et à placer entre les cultures épuisantes et salissantes des cultures améliorantes et nettoyantes.

444 — Donnez un exemple d'assolement alterne?

— Première année, plantes sarclées : betteraves, pommes de terre, choux, etc.

Deuxième année, orge, avoine, froment de printemps, etc.

Troisième année, trèfle ou autre fourrage.

Quatrième année, froment d'hiver, colza ou toute autre culture portant graine.

445 — Pourquoi convient-il de commencer l'as-

solement par les racines ou plantes sarclées?

— *Parce qu'elles exigent des engrais et des travaux qui préparent la terre pour toutes les autres récoltes.*

446 — A quel sol ou culture doit-on appliquer les engrais?

— *Aux racines fourragères et plantes sar-clées qui sont fort exigeantes, et pour les-quelles les fumiers nouvellement appliqués n'ont pas d'inconvénient. Les autres cul-tures préfèrent les fumiers déjà un peu usés dans le sol et bien également répartis par de nombreux labours.*

447 — Que pensez-vous de l'assolement avec pâturage?

— *Sur une grande exploitation, pour laquelle on n'aurait pas de ressources suffisantes, il est avantageux de laisser en pâturage deux ou trois divisions qui contribuent à augmenter les fumiers.*

448 — Comment ferez-vous entrer ces pâtures dans l'assolement?

— *En suivant l'ordre des cultures que nous*

avons indiqué dans l'assolement alterne, nous avions la troisième année des trèfles ou autres fourrages à faucher. La quatrième année, nous les rompions pour les faire suivre de froment ou colza, etc. Si nous voulons un assolement avec pâturage, nous conserverons en pâturage une partie de ces trèfles ou autres fourrages pendant une, deux ou trois années.

449 — Que pensez-vous de l'assolement triennal?

— *L'assolement triennal se compose ordinairement de :*

1ᵉ année, sarrasin ou jachère;

2ᵉ année, froment;

3ᵉ année, avoine.

C'est le plus mauvais de tous, puisqu'il fait revenir sans interruption sur le même sol deux céréales et quelquefois trois récoltes de suite portant graine.

450 — Pourquoi est-il si généralement adopté?

— *La brièveté des baux et l'ignorance des bons principes de culture peuvent seuls le maintenir.*

451 — Qu'appelle-t-on terre en jachère?

— *Une terre qui reçoit plusieurs labours pré-
paratoires sans rien produire est dite en
jachère.*

452 — La terre abandonnée à elle-même n'est
donc pas en jachère?

— *Elle doit être dite en friche.*

453 — Quels sont les avantages et les inconvénients de la jachère?

— *Les jachères nettoient le sol et l'ameublissent, mais elles sont dispendieu-
ses puisqu'elles le laissent sans produire et qu'elles exigent beaucoup de travaux.*

454 — Les plantes sarclées, les fourrages, les
sarrasins, ne peuvent-ils pas remplacer la
jachère?

— *Ces cultures ont une partie des avantages
de la jachère et donnent un produit qui
ne laisse pas tous les frais de culture à la
récolte suivante.*

455 — L'assolement qu'on adopte doit-il être
suivi d'une manière rigoureuse?

— *L'assolement est simplement une marche*

tracée, un cadre fait, dans lequel on peut substituer une récolte à une autre, suivant le besoin; mais il ne peut jamais s'écarter des principes que nous avons établis.

456 — Les localités ne doivent-elles pas influer sur le choix d'un assolement?

— *La proximité ou l'éloignement d'un marché, la facilité ou la difficulté de la main-d'œuvre, doivent guider dans l'établissement de l'assolement.*

457 — Peut-on en toutes circonstances établir un assolement bien régulier dès les premières années d'une culture?

— *Il est prudent de ne rien brusquer, de ne marcher que suivant ses ressources en fourrages et en engrais, et d'arriver ainsi graduellement à la rotation qu'on veut adopter.*

458 — Qu'est-ce qui doit déterminer pour la plus ou moins longue durée de la rotation?

— *La rotation de quatre années doit toujours faire la base de l'assolement; mais comme il est rare d'avoir assez de res-*

sources pour fumer chaque année le quart d'une exploitation, on peut ajouter aux cultures indiquées dans cet assolement de quatre ans, une ou deux divisions qui seront consacrées à une augmentation de fourrages, de racines ou d'un autre produit, tel que le colza, et on aura alors un assolement de cinq, six, sept années.

Bétail.

459 — Qu'entend-on par économie du bétail?
— *Tout ce qui a rapport à son élevage et à son entretien.*

460 — Le bétail est-il d'une grande importance en agriculture?
— *Il est un puissant auxiliaire pour les travaux de culture, son produit est un des plus importants de l'exploitation; c'est de son bon entretien que dépend la quantité et la qualité des fumiers.*

BÉTAIL A CORNES

461 — Le bétail à cornes doit-il être le même partout ?

— *On doit, autant que possible, choisir les espèces qui conviennent à la terre qu'on cultive et aux usages auxquels on les destine.*

462 — Dans les terres pauvres et dans celles où les fourrages sont peu abondants, quelle est l'espèce que **vous** préférerez?

— *Les races les moins exigeantes et principalement celles qui sont déjà acclimatées dans la localité.*

463 — Dans les sols de moyenne fertilité, quelles races choisirez-vous ?

— *A mesure que le sol sera plus fertile, la plus grande abondance et la meilleure qualité des fourrages amélioreront déjà la race qui s'en nourrit.*

464 — Dans les terrains très-fertiles, quelles espèces prendrez-vous?

Suivant que la spéculation porte princi- palement sur la production du lait, beurr e, fromage ou sur l'engraissement, on devra rechercher les races dont les qualités ré- pondent le mieux au but qu'on se propose.

465 — Chaque race a-t-elle des qualités tellement tranchées qu'elles excluent toutes les autres?

— *Parmi les races très-laitières il se trouve des sujets très-propres à l'engraissement mais donnant peu de lait, et vice versa.*

466 — Comment peut-on améliorer les races?

— *Par elles-mêmes, en choisissant les plus beaux individus de l'espèce et en les nour- rissant bien.*

467 — Ne peut-on pas aussi améliorer par les croisements?

— *Cette manière est plus rapide et presque toujours plus avantageuse.*

468 — Quels sont les animaux qui améliorent le plus promptement le bétail à cornes?

— *La race Durham, dans la généralité des cas. C'est celle qui utilise le mieux la nourri-*

ture qu'elle reçoit. De plus, tout en donnant aux croisements qui en proviennent une conformation meilleure, elle conserve les qualités laitières et beurrières.

469 — Que doit-on avant tout considérer pour le choix d'une race?

— *Il est toujours désastreux pour l'agriculture de mettre les animaux exigeants sur un terrain pauvre, et les bêtes destinées à vivre de peu, dans des pâturages gras.*

470 — Quels sont les caractères d'un bon taureau?

— *La tête doit être courte et épaisse; le front large; les yeux vifs; les naseaux grands; les cornes bien faites; le cou fort; la poitrine large; le dos droit; la croupe et les cuisses bien développées; les épaules fortes; les jambes courtes, minces du bas et bien musclées du haut.*

471 — Dans son ensemble, quels caractères doit avoir l'animal?

— *Son corps doit se rapprocher le plus possible de la forme cylindrique; une démarche hardie est un signe de vigueur.*

472 — Ne doit-on pas choisir les taureaux dans les races destinées aux services qu'on veut en tirer?

— *Il semble très-raisonnable de prendre un taureau provenant d'une bonne vache laitière, lorsqu'on veut élever des vaches à lait; et de choisir ceux qui sont issus de races propres au travail ou à l'engraissement, suivant qu'on destine ces animaux à l'un ou à l'autre de ces usages.*

473 — Quels sont les caractères généraux des bonnes vaches laitières?

— *La tête, le cou et les jambes minces; le pis pendant, mince et non charnu; de grosses veines sous le ventre; le poil doux, la peau souple et non adhérente aux côtes.*

474 — N'existe-t-il pas d'autres signes laitiers?

— *Les observations de M. Guénon ont à peu près prouvé que les vaches bonnes laitières ont des deux côtés et au-dessus du pis des poils montants et fins, formant un écusson plus ou moins développé, suivant la qualité laitière de la bête.*

475 — Ces écussons ont-ils tous la même forme?

— *Ils sont plus ou moins montants, plus ou moins larges, et formés de poils plus ou moins fins.*

476 — Quelles sont les vaches qu'on doit préférer?

— *Celles dont l'écusson est le plus grand, le plus montant, composé de poils très-fins, n'ayant pas d'interruption de poils descendants ou de poils gros et rudes.*

477 — A l'époque du vélage, doit-on tirer sur le veau?

— *Cette pratique est souvent mortelle pour la vache et pour le veau, et l'on doit s'y opposer de tout son pouvoir.*

478 — Comment élève-t-on les veaux?

— *En les faisant téter ou en les faisant boire.*

479 — Doit-on laisser les veaux avec leurs mères?

— *Il est toujours prudent de séparer, les veaux de leur mère, parce qu'ils les tourmenteraient et les vaches voisines pourraient les écraser. Il est convenable de les faire téter à des heures régulières, trois fois par jour, par exemple.*

480 — Doit-on donner le premier lait aux veaux ?

— *Il a des propriétés purgatives qui seraient nuisibles à d'autres animaux, mais qui sont bienfaisantes pour les veaux, parce qu'elles débarrassent leurs intestins.*

481 — Quels veaux doit-on laisser téter ?

— *Ceux des génisses et aussi les veaux qu'on destine à la boucherie et qu'on ne veut pas garder longtemps.*

482 — Comment doit-on traiter les veaux faibles ou trop relâchés ?

— *On leur fait prendre de l'eau de riz, des œufs et même quelques cuillerées de vin rouge sucré.*

483 — Comment doit-on élever les veaux sans les laisser téter ?

— *On les sépare le plus promptement possible de leur mère, dont on leur fait boire le lait doux pendant quelques semaines ; ensuite, on diminue graduellement la quantité de lait et on ajoute des bouillies de farine d'orge, de sarrasin, de tourteaux de graine de lin, délayée dans de l'eau tiède.*

484 — Les veaux doivent-ils manger des aliments solides ?

— Lorsqu'on leur donne trop promptement du foin, de l'herbe, des racines, etc., ils deviennent ventrus et faibles.

485 — A quel âge doit-on les laisser manger ?

— Au bout de deux mois, on peut leur présenter des aliments d'une digestion facile, en leur continuant les breuvages nourrissants.

486 — Doit-on élever les veaux avec parcimonie ?

— De même qu'un hectare de terre bien traité donne autant que deux mal faits, un bon veau vaut mieux que deux mal nourris.

487 — A quoi reconnaît-on l'âge des bêtes à cornes ?

— A la chute des dents de lait, à l'usure des dents remplaçantes et aux anneaux des cornes.

488 — Combien ces animaux ont-ils de dents incisives?

— *Huit à la mâchoire inférieure; la supérieure en est dépourvue.*

489 — Dans quel ordre ces dents tombent-elles et sont-elles remplacées?

— *Les pinces tombent et sont remplacées à deux ans.*

— *Les premières mitoyennes, à trois ans.*

— *Les secondes mitoyennes, à quatre ans.*

— *Les coins, à cinq ans.*

490 — Lorsque toutes les dents incisives sont poussées, comment reconnaît-on l'âge des bêtes à cornes?

— *Les dents qui étaient tranchantes et qui se joignaient, s'usent et se déjoignent dans le même ordre qu'elles ont poussé.*

491 — Quels sont les signes fournis par les cornes?

— *Chaque anneau formé à leur base correspond à une année, et la pointe en indique trois.*

492 — Ce signe est-il bien constant?

— *Il n'est pas toujours aussi apparent que*

celui qui est fourni par les dents, mais il est fort commode pour juger approximativement de l'âge au premier abord.

SUITE DU BÉTAIL. — NOURRITURE.

493 — Les fourrages secs et la paille peuvent-ils entretenir convenablement le bétail à cornes pendant l'hiver ?

— *Ils doivent former le fond de la nourriture ; mais ce n'est qu'avec le secours des racines que les fourrages secs peuvent convenablement profiter au bétail.*

494 — Quelle base prendrons-nous pour rationner un animal ?

— *Ce sera évidemment son poids ; car une vache de 200 kilogrammes ne peut manger autant qu'une bête de 400 kilogrammes.*

495 — Comment connaîtrons-nous le poids d'un animal ?

— *Au moyen du ruban gradué de M. de Dombasle, qui nous donnera le poids, chair nette. En ajoutant 40 pour 100, nous aurons le poids vivant de l'animal.*

496 — Quelle quantité de nourriture doit-on donner aux animaux proportionnellement à leur poids ?

— *Environ quatre pour cent du poids de l'animal vivant.*

497 — Comment estimerons-nous la valeur des fourrages ?

— *En prenant le bon foin des prairies naturelles pour type, les racines comptent environ pour un tiers, la paille pour un quart.*

498 — Pourrait-on, d'après ces données, entretenir convenablement un animal avec une seule espèce de nourriture, pourvu qu'on en donnât une quantité suffisante ?

— *Ces aliments lui profiteraient peu si on lui en donnait exclusivement une seule espèce. Du reste, l'excellente pratique de hacher et de mélanger les fourrages, soit secs, soit verts, convient parfaitement aux animaux, et procure une grande économie de nourriture.*

499 — Doit-on donner les racines crues ou cuites ?

— *Elles conviennent mieux crues pour les*

vaches laitières. *Quand elles sont cuites,
elles sont plus propres à l'engraissement.*

500 — Cependant, n'est-il pas avantageux de
donner aux vaches des aliments chauds ?

— *Des espèces de soupes composées de racines,
de foin ou de paille hachés, de feuilles de
choux; le tout saupoudré de son, de tourteaux broyés, de farines, etc., et arrosé
avec de l'eau chaude, sont une très-bonne
nourriture pour les vaches laitières.*

501 — Pendant l'hiver, doit-on faire sortir les
vaches ?

— *Il est avantageux pour leur santé de les
mettre dans les cours de la ferme une ou
deux heures par jour. On doit veiller à ce
que toutes boivent.*

502 — Lorsque l'eau est trop froide, si les vaches ne boivent pas bien, que convient-il de
faire ?

— *Ajouter un peu de son à l'eau ou la faire
tiédir.*

503 — Doit-on rationner les vaches bien exac-
tement ?

— *Pour tous les animaux, il faut distribuer*

les fourrages à des heures exactes et en quantités bien égales.

504 — Comment doit-on s'y prendre pour rationner les animaux ?

— *Botteler les foins et les pailles, mesurer et peser les racines.*

505 — Ces travaux ne sont-ils pas trop coûteux pour le profit qu'on en retire ?

— *Les fourrages et les racines donnés sans mesure profitent mal au bétail, parce qu'on en donne peu un jour et beaucoup le lendemain : puis le cultivateur ne peut savoir s'il a une provision suffisante de nourriture pour l'hiver.*

506 — Quels soins doit-on prendre pour passer de la nourriture sèche aux fourrages verts ?

— *Donner graduellement ces fourrages, commencer par les moins substantiels, et les mélanger pendant quelques jours d'une petite quantité de foin ou de paille.*

507 — Quelle sera à peu près la succession des fourrages verts qui entretiendront le bétail pendant la belle saison ?

— Navette, navets à faucher, colza, fin de mars et commencement d'avril.

Seigle, fin d'avril.

Trèfle incarnat, trèfle commun, vesces d'hiver, en mai et partie de juin.

Seconde coupe de trèfle et vesces de printemps, fin de juin et partie d'août.

Maïs, sorgho, choux, moutarde, fin d'août, septembre et octobre.

Choùx, fin d'automne.

508 — Les vaches s'entretiennent-elles bien au pâturage ?

— Les vaches que l'on nourrit sur des pâturages abondants s'entretiennent en bonne santé et produisent beaucoup; mais il faut une plus grande étendue de terre pour les nourrir que lorsqu'on leur donne la nourriture à l'étable.

509 — Ne convient-il pas quelquefois de mettre les vaches dans les prairies ?

— Lorsque les regains sont trop courts pour être fauchés, on peut les faire consommer sur place; mais il faut éviter avec soin de

mettre les vaches dans les prairies, après de grandes pluies.

510 — Doit-on rationner les vaches lorsqu'elles sont au vert ?

— *Cette pratique serait aussi avantageuse que pour la nourriture d'hiver, car, lorsque les fourrages sont très-tendres et qu'on les donne en trop grande quantité, les animaux sont exposés à la météorisation.*

511 — Quels fourrages sont les plus à craindre ?

— *Les trèfles, les luzernes, les vesces et presque toutes les légumineuses, lorsqu'elles sont très-tendres. Quelques racines produisent aussi la météorisation : les navets, les pommes de terre.*

512 — Qu'est-ce que la météorisation ?

— *Une espèce d'indigestion qui se manifeste par le gonflement du flanc gauche et qui est produite par les gaz développés dans le rumen.*

513 — Comment doit-on traiter les animaux météorisés ?

— *Les promener, couvrir le flanc gauche de linges mouillés avec de l'eau froide, pas-*

ser dans la bouche une espèce de mors fait avec des tiges de genêts verts, de manière à faire mâcher et saliver l'animal.

514 — Ces moyens sont-ils suffisants?

— *On ne doit en user que comme auxiliaires de moyens plus énergiques; si le gonflement devient inquiétant, on emploie l'ammoniaque liquide, ou alcali volatil (1).*

515 — A quelle dose?

— *Une ou deux cuillerées dans deux verres d'eau froide; et si le gonflement ne diminue pas, on donne une nouvelle dose au bout de vingt minutes ou d'une demi-heure.*

516 — Si malgré tout cela la météorisation continue et que l'animal menace de suffoquer, que faut-il faire?

— *Avoir recours à la ponction, qui consiste à percer le flanc gauche au moyen d'un trocard ou simplement d'un couteau bien pointu.*

(1) A défaut d'ammoniaque, on indique aussi de l'eau fortement salée.

Étable.

517 — Est-il important d'avoir des étables bien construites?

— *Les animaux qui sont tenus dans des étables mal faites, souffrent et exigent plus de nourriture pour n'arriver même qu'à un produit inférieur.*

518 — Quelles dispositions générales doivent avoir les étables?

— *Elles doivent être assez élevées au-dessus du sol pour qu'il soit possible, au moyen de conduits, de faire écouler l'urine dans des réservoirs.*

L'étage doit être assez haut pour que l'air circule librement par des fenêtres placées au-dessus des vaches, de manière à ce que le courant d'air ne les atteigne pas.

Elles doivent être claires et assez spacieuses pour que le service se fasse facilement.

519 — Convient-il de garnir les étables d'auges et de râteliers?

— *Cette disposition permet de distribuer*

convenablement la nourriture aux animaux, qui en perdent beaucoup moins que lorsqu'on la jette sur la litière et le fumier, où elle contracte un mauvais goût.

520 — Doit-on souvent enlever le fumier des étables?

— *Le plus souvent possible; les émanations du fumier accumulé sous le bétail nuisent à la pureté de l'air et entretiennent souvent une chaleur trop forte.*

521 — Est-il avantageux de maintenir constamment les vaches à l'étable?

— *Les vaches qui restent à l'étable font plus de fumier, parce qu'elles ne le perdent pas au pâturage et le long des chemins; elles mettent mieux à profit leur nourriture, et il est besoin d'une moindre étendue de terre pour les entretenir.*

522 — Est-il bon de boucher le plus hermétiquement possible, comme on le fait généralement, toutes les issues à l'air, sous prétexte d'empêcher les mouches de voir les animaux?

— *Dans les étables traitées de la sorte, les*

vaches sont en quelque sorte asphyxiées par le manque d'air, par la chaleur, et elles sont couvertes de mouches. Il suffit, du reste, de comparer une étable bien aérée et une mal tenue pour s'en convaincre.

523 — Le pansement de la main est-il nécessaire aux bêtes à cornes?

— *Les vaches entretenues propres, bouchonnées, brossées et étrillées, se portent mieux et utilisent mieux la nourriture.*

Laiterie.

524 — Quels sont les soins généraux qu'exige le lait?

— *La plus grande propreté est nécessaire pour la conservation du lait, pour la fabrication du beurre et celle du fromage.*

525 — Ces soins de propreté ne doivent-ils pas commencer dès l'étable?

— *Dans les étables fangeuses, où les vaches ne sont ni brossées ni bouchonnées, où on ne leur lave jamais le pis, il se mêle au lait des poils et des fragments de fumier qui lui ôtent beaucoup de qualité et l'empêchent de se conserver.*

526 — Comment doit-on disposer la laiterie?

— *L'appartement destiné à recevoir le lait ne doit être ni trop chaud ni trop froid; une température aussi égale que possible y sera maintenue, et des ouvertures bien disposées devront y faciliter le renouvellement de l'air.*

527 — Quelle forme doivent avoir les vases destinés à recevoir le lait dont on veut faire du beurre?

— *Il faut préférer ceux qui sont les moins profonds et les plus évasés du haut.*

528 — Pourquoi cette forme est-elle préférable ?

— *Elle permet à la crème de se réunir promptement à la surface et en plus grande quantité que dans des vases étroits et élevés, où elle n'aurait pas le temps d'arriver à la superficie avant que le lait fût épaissi.*

529 — Est-il indispensable, pour faire du beurre, que le lait soit entièrement caillé et la crème dure et épaisse?

— Lorsqu'on veut du beurre délicat, on doit baratter souvent, et il suffit que la crême soit assez dure pour qu'en la traversant avec la pointe d'un couteau, le lait ne vienne pas à la surface.

530 — Ne peut-on pas obtenir de très-bon beurre en barattant du lait doux ou presque doux?

— C'est par ce procédé qu'on obtient le beurre le plus agréable et le plus fin; mais c'est aux dépens de la quantité.

531 — Quelles sont les meilleures barattes?

— On se sert d'un grand nombre de barattes qui toutes peuvent faire de bon beurre. Celles qui exigent le moins de force et qui sont les plus faciles à nettoyer sont les meilleures.

532 — La température doit-elle être bien élevée pour obtenir promptement le beurre?

— Lorsqu'il fait trop froid, il se sépare lentement; s'il fait trop chaud, il est difficile à rassembler. Une température moyenne de 12 à 15 degrés est la plus convenable.

533 — Comment peut-on obtenir une température égale dans la baratte ?

— *Dans une laiterie bien entendue, on n'est pas exposé à un changement brusque de température. Au moyen d'un vase dans lequel on met de l'eau chaude ou de l'eau froide et où l'on place la baratte, il est facile d'obtenir cette égalité de chaleur.*

534 — Est-il nécessaire que le battage de la crême et du lait se fasse bien régulièrement ?

— *Si après avoir baratté on suspend l'opération assez longtemps pour que leur température change, le beurre se fait mal.*

535 — Lorsque le beurre est sorti de la baratte, que doit-on faire ?

— *On le pétrit pour en extraire tout le petit lait.*

536 — Est-il nécessaire de le laver ?

— *Le beurre bien lavé se délaite mieux, sa conservation est plus facile et plus parfaite.*

537 — Quel parti peut-on tirer du lait de beurre ?

— *Il convient très-bien à la nourriture des porcs. Lorsqu'on s'en sert, en quelque sorte, comme assaisonnement pour les ra-cines et les autres matières végétales, il augmente beaucoup la qualité de ces ali-ments.*

538 — Ne fabrique-t-on pas plusieurs espèces de fromages?

— *Pour quelques espèces, on fait cuire légè-rement le caillé; pour d'autres, on fait seulement cailler le lait.*

539 — Citez-en quelques espèces.

— *Pour le fromage suisse, celui de Gruyère, celui de Hollande, on cuit le caillé.*

Ceux de Brie, de Camembert, etc., se font avec du lait seulement caillé.

540 — Ne distingue-t-on pas les fromages en gras, demi-gras ou maigres?

— *Les fromages gras sont ceux pour lesquels on fait cailler le lait aussitôt qu'il est trait.*

— *Les demi-gras se font avec du lait dont on a enlevé une partie de la crême.*

Si l'on attend que toute la crême soit mon-tée, et qu'on l'enlève toute, on a des fro-mages maigres.

541 — Comment fait-on cailler le lait ?

— *Avec de la présure ou avec la caillette d'un jeune veau.*

542 — Lorsque le lait est caillé que reste-t-il à faire ?

— *On le dépose aans une forme percée de trous.*

543 — Doit-on le laisser longtemps dans ce moule ?

— *Lorsque le fromage est assez dur pour ne pas se briser, on le met sur une planchette et on le saupoudre de sel.*

544 — Après que le fromage est complétement égoutté et salé, comment doit-on le traiter ?

— *On le dépose sur des claies où il achève de prendre toutes les qualités du fromage.*

545 — Comment doivent être disposées les fromageries ?

— *Elles doivent conserver une température égale, être aérées à volonté, mais tenues complètement obscures.*

546 — Lorsqu'on ne veut fabriquer qu'une pe-

tite quantité de fromage pour la consomma-
tion du ménage, est-il nécessaire d'avoir un
appartement consacré à ce travail?

— *Une table ordinaire pour faire égout-
ter, des moules en terre ou en bois,
quelques claies en lattes seront des us-
tensiles suffisants.*

Engraissement du bétail à cornes.

547 — Si l'on ne peut vendre le lait en nature,
ni fabriquer du beurre ou des fromages,
comment utilisera-t-on avantageusement les
fourrages?

— *L'engraissement du bétail à cornes for-
mera la base de l'entreprise agricole.*

548 — Quels sont les principaux avantages de
cette spéculation?

— *La production d'une grande quantité de
riches fumiers, et l'amélioration du sol par
la culture des racines alimentaires et des
fourrages.*

549 — L'engraissement du bétail n'exige-t-il pas des connaissances spéciales ?

— *Il faut savoir apprécier les qualités qui distinguent les animaux propres à l'engraissement. Il est aussi indispensable de prendre l'habitude de vendre et d'acheter.*

550 — Comment appréciera-t-on la valeur d'un animal ?

— *Lorsqu'on en saura re poids, il sera facile d'en déterminer la valeur.*

551 — Quels sont les moyens de connaître le poids du bétail ?

— *Les bascules à larges plateaux sont fort exactes et fort commodes ; mais elles sont d'un prix élevé, et le ruban gradué fournira la plupart du temps des données suffisantes.*

552 — Quel est le rapport approximatif du poids de l'animal vivant avec celui de la viande, lorsqu'il sera abattu et qu'on en aura enlevé la peau, la tête, les pieds, les intestins, et qu'il ne restera que les quatre quartiers ?

— *En moyenne, on estime qu'un animal de conformation ordinaire donne soixante*

pour cent du poids vivant. Le ruban indi-
que le poids, chair nette.

553 — Quels sont les caractères généraux qu'on doit rechercher pour un animal propre à l'engraissement ?

— *Il doit se rapprocher le plus possible de la forme cylindrique. C'est-à-dire que deux lignes tirées par la pensée, l'une sur le dos, l'autre sous le ventre de l'animal, devront être parallèles. En outre, il aura une large et vaste poitrine, tandis que la charpente osseuse, les jambes, la tête, et toutes les parties qui ne donnent pas de viande, seront peu volumineuses. La peau souple, le poil fin sont encore des caractères de bonnes qualités.*

554 — Outre l'utilité du ruban gradué pour les achats et les ventes, n'offre-t-il pas encore un autre avantage ?

— *En mesurant souvent les animaux à l'engrais, on peut constater ce que telle ou telle nourriture a produit.*

555 — A quel âge les animaux prennent-ils le mieux la graisse ?

— Dans la plupart des espèces, c'est vers la sixième ou la huitième année.

556 — Quelques espèces ne sont-elles pas plus précoces ?

— Les races perfectionnées, telle que la race Durham, ont l'immense avantage d'engraisser dès leur jeunesse.

557 — Comment engraisse-t-on les animaux ?

— Au pâturage ; au vert à l'étable ; ou avec du foin sec ; avec des racines, auxquelles on associe des fourrages secs et des grains.

558 — Que doit-on principalement s'efforcer d'obtenir ?

— L'engraissement le plus rapide possible.

559 — Dans quelles circonstances peut-on engraisser aux pâturages ?

— Lorsqu'on a une grande étendue de prairies ou de terres fraîches et fertiles qui, par leur position, ne pourraient que difficilement être employées à un autre usage.

560 — Une petite quantité de fourrage sec ou de grain broyé n'est-elle pas nécessaire quand on veut engraisser avec le fourrage vert donné à l'étable ?

— Les animaux qui reçoivent des fourrages verts très-substantiels peuvent engraisser; mais avec l'addition de quelques fourrages secs et de grain, on obtient de meilleurs résultats.

561 — L'engraissement au foin est-il avantageux ?

— Il faut que le prix en soit peu élevé pour qu'il soit avantageux de l'employer seul.

562 — Quelle est donc la meilleure nourriture pour arriver rapidement à l'engraissement ?

— En général, les animaux utilisent moins bien les aliments d'une seule espèce. Ainsi, en donnant ensemble du foin, des racines, des choux, des fourrages verts, les bêtes à l'engrais conservent un meilleur appétit et la digestion se fait mieux.

563 — N'est-il pas avantageux de réserver pour la fin de l'engraissement les aliments les plus substantiels?

— On doit toujours commencer par les moins bons, puis, s'il est possible, ajouter à la nourriture ordinaire, des grains moulus,

*du son ou des tourteaux de graines oléa-
gineuses.*

564 — Quels sont les soins généraux qu'exige
le bétail à l'engrais?

— *Beaucoup de ménagements, du repos, des
soins de propreté et une grande régularité
dans la distribution des aliments.*

565 — Quels sont les avantages que présentent les bœufs employés comme bêtes de
travail?

— *Leur prix d'achat est moins élevé que celui des chevaux; les accidents sont moins
fréquents, et lorsqu'il en arrive, on peut
encore tirer parti de l'animal; ils augmentent de valeur tout en travaillant; enfin, la nourriture qu'ils exigent est d'un
prix moins élevé.*

566 — Ne peut-on pas atteler les bœufs avec
des colliers?

— *L'attelage au collier est préférable; cependant, comme le joug est moins dispendieux, il est plus ginéralement employé.*

Cochon.

567 — Quelle est la conformation qu'on doit rechercher dans les cochons ?

— *Destinés uniquement à produire de la viande et du lard, les espèces qui donnent le moins de déchet à l'abattage doivent être préférées.*

568 — Indiquez les principaux caractères des bonnes races ?

— *La tête courte et peu volumineuse, les jambes courtes et fines à la partie inférieure, le dos droit, la poitrine large, le corps long et cylindrique.*

569 — Dans quelles espèces trouve-t-on surtout cette bonne conformation?

— *Dans les races anglaises perfectionnées, et dans quelques races françaises, par exemple celle dite de Craon.*

570 — Comment élève-t-on les jeunes porcs?

— *Pendant qu'ils sont sous leur mère, il suffit de nourrir abondamment celle-ci, puis au bout d'un mois, on donne aux jeunes porcs du lait, des farines d'orge, de fèves, de pois, etc.*

571 — Peut-on nourrir les cochons avec des fourrages verts?

— *Ils mangent bien la chicorée sauvage, les laitues, même le trèfle; cependant pour que ces aliments leur soient profitables, il faut les faire cuire et y mêler du lait baratté, du son ou des grains broyés.*

572 — Les racines peuvent-elles être avantageusement employées à la nourriture des porcs ?

— *Les racines cuites, surtout les pommes de terre, leur conviennent parfaitement; mais lorsqu'on veut arriver à un engraissement complet et rapide, il faut y mêler des débris de cuisine, du lait, des grains broyés ou bien des matières animales.*

573 — Les aliments préparés d'avance sont-ils bons pour les porcs?

— *Lorsqu'ils ont fermenté ou qu'ils commencent à aigrir, ils leur sont plus profitables.*

574 — Peut-on nourrir les cochons au pâturage?

— *Les herbes les font vivre, mais elles sont insuffisantes pour les engraisser.*

575 — N'engraisse-t-on pas les porcs avec les résidus de quelques fabriques ?

— *C'est une de celles qui leur profitent le plus et qui produisent la meilleure viande. En ajoutant à la nourriture ordinaire une ration de glands qu'on augmente à la fin de l'engraissement, on obtient un très-bon résultat.*

576 — Les glands forment-ils une bonne nourriture pour les porcs ?

— *Les résidus des brasseries, des amidonneries, des distilleries, et les viandes des animaux morts sont très-propres à l'engraissement des porcs.*

577 — Comment doit-on conduire l'engraissement?

— *Comme pour tous les animaux, il faut commencer par les aliments les moins bons et finir par les plus substantiels.*

578 — Quels sont les soins généraux qu'on doit donner aux porcs ?

— *Quoique ces animaux soient d'une extrême*

malpropreté, il faut les laver souvent, les tenir dans des porcheries sèches, bien aérées, et renouveler souvent la litière; une cour où ils peuvent se promener et prendre l'air leur est très-nécessaire.

Bêtes à laine.

579 — Quels sont les avantages des bêtes à laine ?

— Elles utilisent des pâturages dont d'autres animaux ne pourraient profiter, leur fumier est chaud et très-nutritif. Dans les terrains secs, où on peut les parquer, elles engraissent le sol sans main-d'œuvre, et lorsqu'elles sont réunies en grands troupeaux, elles exigent relativement peu de soins.

580 — Tous les terrains conviennent-ils à l'éducation des bêtes à laine?

— En général, elles réussissent sur les sols secs ou montueux. Cependant quelques espèces s'accommodent des terrains humides.

581 — Quelles sont les races qui conviennent aux terres sèches?

— *Les mérinos et les autres espèces délicates et à laine fine.*

582 — Quelles espèces peut-on élever sur les sols humides?

— *Quelques races anglaises : les Southdown, les Dishley.*

583 — Comment doit-on disposer les bergeries?

— *Plus que dans tous les autres logements des animaux, il faut un accès facile à l'air, un sol élevé et sec.*

584 — Comment reconnaît-on l'âge des moutons?

— *Au moyen des dents incisives de la mâchoire inférieure; la mâchoire supérieure en est dépourvue.*

Les dents de lait sont remplacées à peu près dans l'ordre suivant :

D'un an à un an et demi, les pinces ou dents du milieu; de deux à deux ans et demi, les premières mitoyennes; de trois à trois ans et demi, les secondes mitoyennes; et enfin les coins l'année suivante.

585 — Comment nourrit-on les bêtes à laine?

— *Au pâturage en été, dans les prairies na-*
turelles ou artificielles; avec les racines
et les fourrages secs en hiver.

586 — Peut-on maintenir les moutons conti-
nuellement à la bergerie comme on garde
les vaches à l'étable ?

— *Les bêtes à laine ont besoin de sortir sou-*
vent; et dans les terrains secs, le parquage,
qui consiste à les maintenir au moyen de
claies sur un terrain qu'on veut engrais-
ser, leur vaut mieux que le séjour pro-
longé dans la bergerie.

587 — Quels sont les soins généraux qu'exigent les bêtes à laine?

— *Ces animaux, naturellement faibles, ont*
quelquefois besoin de nourriture forti-
fiante. Le foin des prairies artificielles,
l'avoine, le son, etc., leur sont néces-
saires.

Chevaux.

588 — Quelles sont les formes qu'on doit princi-

palement rechercher dans un cheval de trait ?

— *Il doit être épais, court et ramassé; avoir la poitrine et la croupe larges, les épaules fortes, le corps arrondi et musculeux, le pied d'aplonb. Une démarche hardie et un pas assuré, sont aussi des qualités qu'on doit estimer.*

589 — Quels sont les soins généraux qu'exigent les poulains ?

— *Les jeunes chevaux doivent autant que possible vivre en liberté, afin qu'un exercice modéré développe leurs membres. De la douceur, de la propreté, une écurie saine, élevée et une nourriture substantielle leur sont nécessaires.*

590 — Comment reconnaît-on l'âge des chevaux ?

— *A la chute des dents de lait, à leur remplacement et à leur usure.*

591 — Combien les chevaux ont-ils de dents incisives ?

— *Douze : six à la mâchoire supérieure, et six à la mâchoire inférieure.*

592 — A quel âge les premières dents, c'est-

à-dire les dents de lait, tombent-elles et sont-elles remplacées?

— *Les deux dents de devant, ou pinces, tombent et sont remplacées à la troisième année; à la quatrième, les dents les plus voisines ou mitoyennes; enfin, à la cinquième, les coins.*

593 — Comment sont faites les dents incisives des chevaux?

— *Elles ont une cavité noire entourée d'un petit bord blanc formé par l'émail interne.*

594 — Cette disposition ne sert-elle pas à reconnaître l'âge des chevaux après cinq ans?

— *Les trois paires d'incisives perdent leur cavité dans le même ordre où les dents sont venues. Lorsque le cheval vieillit, elles semblent plus longues et se réunissent sous un angle plus aigu.*

595 — Les chevaux vivent-ils longtemps?

— *Ceux qui sont soumis à de rudes fatigues ne durent guère que 15 à 18 ans; mais lorsqu'on n'en exige qu'un travail modéré, ils peuvent vivre 25 et même 30 ans.*

596 — Quelle doit être la durée moyenne du

travail qu'on peut exiger d'un cheval?

— De huit à neuf heures par jour, en deux attelées.

597 — Ne pourrait-on pas les faire travailler plus longtemps?

— En commençant et en finissant à des heures bien régulières; en attelant les chevaux tous les jours, on obtient une somme de travail beaucoup plus considérable qu'en les faisant marcher longtemps un jour et peu le lendemain.

598 — Les chevaux n'ont-ils pas plus besoin de soins que les autres animaux?

— Plus que pour tous les autres, il leur faut de la douceur, des ménagements, une grande régularité dans la distribution de la nourriture, de fréquents pansements de la main et un logement bien entretenu.

599 — Quelle est la nourriture ordinaire des chevaux?

— Le foin, l'avoine, la paille.

600 — Dans quelle proportion doit-on donner ces aliments?

— Un cheval de moyenne taille s'entretient

*bien avec 7 à 8 kilog. de foin, 5 kilog. de
paille et 5 kilog. d'avoine.*

601 — Lorsque les chevaux doivent supporter
un travail très-fort, n'est-il pas convenable
d'augmenter leur nourriture ?

— *Il vaut mieux augmenter la ration d'a-
voine, y ajouter du son, ou de l'orge con-
cassée, que de donner une plus grande
quantité de foin.*

602 — Quels seraient les inconvénients de donner trop de fourrages secs?

— *Gonfler l'estomac outre mesure et exposer
les chevaux à devenir poussifs, surtout si
on les fait travailler immédiatement
après le repas.*

603 — Lorsqu'on s'aperçoit que les vieux chevaux ou ceux qui sont gourmands ne di-
gèrent pas bien l'avoine, et qu'elle est encore entière dans le crottin, que faut-il
faire?

— *Ecraser, concasser ou aplatir les grains
qu'on destine à la nourriture des chevaux; ils ne les aiment pas autant réduits
en farine.*

604 — La nourriture au vert convient-elle aux chevaux?

— *Elle les rafraîchit, les entretient en bon état, les remet de longues fatigues et d'indispositions; mais lorsqu'on veut obtenir un travail soutenu, les fourrages secs et l'avoine sont préférables.*

605 — Peut-on nourrir les chevaux au pâturage?

— *Ce régime ne convient que pour ceux qui travaillent fort peu ou qui ont besoin de repos.*

606 — Dans notre intérêt, ne devons-nous pas traiter doucement les animaux de toute espèce?

— *Les animaux bien traités rapportent davantage. En outre, par humanité et par reconnaissance, nous devons leur éviter les souffrances, car ils sont les compagnons de nos travaux et ils nous enrichissent de leurs produits.*

607 — Que penser des hommes qui prennent plaisir aux souffrances des animaux?

— *Celui qui est cruel avec les animaux sera rarement bon avec les hommes.*

Jardin. — Abeilles.

608 — Un jardin est-il utile dans une ferme?

— *Bien entretenu pour les besoins de la maison, c'est la partie de l'exploitation qui produit le plus; on ne doit pas regretter le travail et le fumier qu'on y consacre.*

609 — Les légumes ont-ils une grande utilité dans le ménage?

— *Seuls ou unis aux viandes ils sont une nourriture saine et indispensable à la santé. Le jardin doit donc être toujours largement pourvu de ceux qui se consomment le plus ordinairement, tels que : choux, carottes, navets, oignons, laitues, pois, haricots, etc.*

610 — Le commerce des légumes est-il avantageux pour un fermier?

— *On peut vendre des légumes au marché lorsqu'on les a produits économiquement par les procédés de la grande culture; mais négliger ses champs, consommer une grande quantité de fumier et abandonner la surveillance d'une ferme pour porter* quelques légumes à la ville, est toujours une mauvaise spéculation.

611 — Où doit-on établir le jardin potager ?

— *Il faut choisir un bon terrain bien exposé, près de la maison, dans le voisinage d'un ruisseau ou d'une mare.*

612 — Toutes les eaux sont-elles indifféremment bonnes pour les arrosages ?

— *Celles des rivières, des ruisseaux et des mares sont les meilleures. Celles des puits et des fontaines ont besoin d'être exposées au soleil et à l'air avant d'être employées.*

613 — Quels sont les premiers travaux à faire pour un jardin ?

— *Défoncer, drainer s'il est possible et fumer fortement.*

614 — Comment doit-il être distribué ?

— *En carrés séparés par des allées qu'on aura soin de creuser de 10 à 20 centimètres pour relever les carrés avec la terre qui en sortira. Les allées seront ensuite remplies de gravier ou de sable qui les rendra propres et solides.*

615 — Peut-on cultiver des arbres dans le jardin potager?

— *Sur les plates-bandes aux angles des carrés, des poiriers et des pommiers élevés en quenouilles; le long des murs bien exposés, des espaliers de pêchers, d'abricotiers; et à la partie supérieure, des cordons de vignes, seront très-productifs.*

616 — A quelle époque doit-on récolter les graines?

— *Lorsqu'elles sont bien mûres et par un beau temps; celles qui n'ont qu'imparfaitement muri ne donnent pas d'aussi beaux légumes et les espèces finissent souvent par dégénérer.*

617 — Est-il indifférent de prendre les graines sur des plantes faibles ou sur des sujets vigoureux?

— *On doit toujours choisir pour porte-graines les légumes les plus vigoureux et ceux qui réuniseent au plus haut degré toutes les qualités qu'on recherche.*

618 — Comment doit-on les conserver?

— *Dans des sacs en papier, de petites boîtes,*

de petites bouteilles placées dans un lieu sec, mais qui ne soit pas trop chaud.

619 — Toutes les graines conservent-elles leurs facultés germinatives pendant le même temps ?

— *Celles des crucifères, telles que choux, navets, raves, etc., lèvent encore au bout de cinq à six ans ; cellés des betteraves à peu près aussi longtemps ; celles des laitues, carottes, persil, oignons, poreaux peuvent encore être semées la seconde année ; mais il faut préférer les semences nouvelles pour les pois et les haricots.*

620 — Dans les jardins ne pourrait-on placer quelques ruches ?

— *Lorsqu'on s'en occupe, elles sont productives, coûtent peu et sont une distraction agréable.*

621 — Où doit-on les placer ?

— *A l'abri d'un mur, d'une haie, d'un talus, à une belle exposition et sur un sol dressé de manière à ce que les abeilles puissent se relever lorsqu'elles y tombent.*

622 — N'est-il pas nécessaire que les abeilles puissent trouver de l'eau à leur portée ?

— S'il ne se trouve pas d'eau dans le voisinage du rucher, on enfonce dans le sol un baquet rempli en partie de terre, que l'on tient recouverte de 15 à 20 centimètres d'eau ; on y plante du cresson pour que les abeilles, en se posant sur les feuilles, puissent boire sans se noyer.

623 — Quels sont les endroits où les abeilles prospèrent le mieux ?

— Les lieux boisés, le voisinage des jardins, des prairies naturelles et artificielles.

624 — Doit-on laisser plusieurs ouvertures aux ruches ?

— Une seule suffit, les abeilles, qui sont exposées aux attaques de nombreux ennemis, ont ainsi moins de soins à dépenser pour se défendre.

625 — Comment doit-on disposer les supports des ruches ?

— Elles doivent être posées sur un plateau en bois supporté par des pieds, et incliné d'arrière en avant pour faciliter l'écoulement des eaux.

626 — Comment récolte-t-on le miel et la cire ?

— *Presque partout, on étouffe les abeilles avec de la fumée. Cette méthode ruineuse et barbare peut être remplacée par un procédé bien plus avantageux.*

627 — Indiquez-le.

— *On construit des espèces de boîtes ouvertes à la partie inférieure et percées d'un trou de 12 à 15 centimètres à la partie supérieure, de telle sorte qu'en les plaçant les unes sur les autres, on puisse à volonté enlever un compartiment plein et le remplacer par un vide sans détruire les abeilles.*

628 — A quelle époque peut-on faire ce changement?

— *En mai ou juin après la sortie des essaims, parce que les abeilles ont encore avant la mauvaise saison le temps de remplir les nouvelles boîtes pour leur provision d'hiver.*

629 — N'est-il pas nécessaire de donner quelques soins aux abeilles pendant l'hiver?

— *Il faut nourrir les ruches faibles avec des sirops de fruits ou avec des miels communs auxquels on ajoute un peu de vin.*

630—En hiver, doit-on laisser les ruches ouvertes?

— *L'entrée doit être fermée au moyen d'une petite planchette percée de trous qui laisse l'air circuler dans la ruche, tout en empêchant les abeilles de sortir, et leurs ennemis de pénétrer dans la ruche.*

631 — Comment extrait-on le miel des gâteaux?

— *On place d'abord les gâteaux les plus lourds et les plus blancs sur des claies après avoir enlevé avec un couteau la couche mince de cire qui ferme les alvéoles, puis on laisse le miel s'écouler dans des vases disposés pour le recevoir.*

632 — Si la température n'est pas assez élevée pour que le miel s'écoule facilement, que faut-il faire?

— *Echauffer la chambre où sont placées les claies, ou bien encore les mettre dans un four quelque temps après que le pain en est retiré.*

633 — Comment extrait-on le miel des autres gâteaux?

— *On les écrase avec ceux dont on a extrait*

le premier miel, puis on les soumet à l'action de la presse. Ce second miel est de qualité inférieure.

634 — Comment obtient-on la cire?

— Après que le miel a été entièrement retiré des gâteaux, on les met dans une chaudière avec de l'eau, on fait chauffer, puis, lorsque la cire est bien fondue, on la presse fortement dans un petit pressoir dont la maye est garnie de forte toile claire.

635 — Comment prépare-t-on ensuite la cire?

— Lorsqu'elle est un peu refroidie, on la lave en la pétrissant dans de l'eau tiède et ensuite elle peut être coulée en pain après avoir été fondue de nouveau.

636 — Si l'on n'avait pas de presse à sa disposition pour extraire la cire, comment pourrait-on faire?

— Il faudrait la mettre dans un sac de grosse toile que l'on ferait bouillir dans un chaudron rempli d'eau, en ayant soin de placer sous ce sac une petite planchette qui empêche la cire de brûler. A mesure qu'elle fond, elle surnage à la surface de l'eau.

Arbres.

637 — Comment multiplie-t-on les arbres ?

— Par semences, par drageons et par boutures. Les arbres venus de graines sont les meilleurs.

638 — Quel préparation doit-on faire subir au sol destiné à recevoir des semis ou des pépinières ?

— La terre destinée aux arbres doit être fortement défoncée et ameublie.

639 — A quelle époque sème-t-on en général les arbres?

— En automne ou au printemps ; mais les semis du printemps sont les plus assurés.

640 — Comment conserve-t-on les graines qui doivent être semées au printemps?

— On les dispose dans des caisses par couches avec du sable frais et on conserve ces caisses dans un lieu où la température ne change pas trop, par exemple dans un cellier.

641 — Les semis doivent-ils se faire en lignes u à la volée?

— Les semis en lignes sont bien préférables, parce qu'on peut les sarcler et les biner.

642 — Doit-on laisser grossir les arbres dans le semis ?

— Il est préférable de les transporter dès la première année dans une nouvelle pépi_ nière, en lignes espacées d'un mètre en tous sens. Des sujets traités ainsi ont beaucoup de chevelu et reprennent beaucoup mieux lorsqu'on veut les mettre en place.

643 — Quels sont les soins qu'exigent les pépinières ?

— Des sarclages et des binages. On peut simplifier ces travaux en recouvrant la surface du sol avec des feuilles.

644 — Quels sont les arbres qui reprennent le mieux de boutures ?

— Les peupliers, les saules, les platanes, les coignassiers, etc. En général les rejets qui se développent sur les racines où à la base de l'arbre et qui sont munis d'un petit talon, font les meilleures boutures.

645 — Quels sont les arbres qui fournissent les

bois les plus propres aux constructions et qui pourrissent le moins?

— *Le chêne, le châtaignier, l'acacia*

646 — Quelles sont les terres qui conviennent au chêne?

— *Les sols argilo-sablonneux et profonds; cependant il s'accommode à peu près de tous les terrains.*

647 — Les chênes se transplantent-ils facilement?

— *Lorsqu'ils ont été élevés en semis, leur reprise est beaucoup moins assurée que lorsqu'ils ont été transplantés en pépinières. Du reste, ils réussissent toujours mieux lorsqu'ils sont élevés sur place et leur croissance est beaucoup plus rapide.*

648 — A quels usages emploie-t-on le bois de chêne?

— *C'est le bois de construction par excellence, son seul défaut est d'avoir trop d'aubier; comme bois de chauffage, il est très estimé; son écorce sert à tanner les cuirs.*

649 — N'existe-t-il pas quelque différence dans la valeur du bois de chêne?

— *Celui qui provient des arbres élevés en massifs ou dans les forêts est moins dur que celui des arbres isolés.*

650 — Quels sont les terrains qui conviennent au châtaignier ?

— *Comme le chêne, il s'accommode de toutes les terres, mais il préfère les sols sablonneux et profonds. Sa croissance est plus rapide que celle du chêne.*

651 — A quels usages emploie-t-on le plus ordinairement son bois ?

— *Lorsqu'il est sain, on en fait des charpentes, des tonneaux et de très-bonne menuiserie. Les taillis de châtaignier fournissent le meilleur cercle que l'on puisse employer.*

652 — Le bois de châtaignier est-il estimé comme chauffage ?

— *Il brûle mal, pétille au feu, noircit, et on l'estime beaucoup moins que le chêne. On en fait du charbon qu'on emploie avec avantage pour les forges.*

653 — Le châtaignier a-t-il de l'aubier comme le chêne ?

— *Son aubier est presque aussi dur que le bois; mais il est souvent roulé, c'est-à-dire que les couches de bois n'ont aucune liaison entre elles.*

654 — Le châtaignier n'est-il utile que pour son bois ?

— *On le cultive aussi pour ses fruits, ou châtaignes, qui sont d'un grand produit. Dans ce cas, on doit le greffer.*

655 — Quelles sont les terres qui conviennent à l'acacia ?

— *Les sols sablonneux calcaires. Il ne prospère pas dans des terrains très-argileux, froids et dépourvus de principes calcaires.*

656 — A quels usages emploie-t-on ordinairement l'acacia ?

— *Comme il est fort et dur, qu'il résiste aussi bien que le châtaignier à l'action de l'air et de l'humidité, on peut le placer au rang des meilleurs bois de construction et surtout de charronnage.*

657 — Est-il propre aux travaux de la menuiserie ?

— *On ne l'emploie guère à cet usage, parce*

qu'il se tourmente trop. Il ne convient donc pas de le débiter en planches.

658 — L'acacia est-il un bon bois de chauffage?

— Il brûle très-bien, donne beaucoup de chaleur. Les fagots d'acacias, trop épineux pour être brûlés dans les cheminées, sont très-propres à chauffer les fours.

659 — La croissance de l'acacia est-elle rapide?

— Dans sa jeunesse, il pousse beaucoup plus rapidement que le chêne et le châtaignier, et c'est pour cela qu'il est très-propre à faire des taillis; mais il atteint de bien moindres proportions.

660 — Comment multiplie-t-on l'acacia?

— Par semis ou par ses rejets qui sont très-nombreux. Les arbres provenant de semences sont préférables à ceux qu'on obtient par les rejets.

661 — Quels sont les bois qu'on emploie le plus ordinairement pour les travaux de charronnage?

— Le frêne et l'orme.

662 — Pourraient-ils aussi faire des charpentes et de la menuiserie?

— Les charpentes d'orme et de frêne sont beaucoup moins durables que celles de châtaignier et de chêne. Ces bois ne sont guère propres à la menuiserie, parce qu'ils se tourmentent trop. Exposés à l'air et à l'humidité, ils durent peu.

663 — Dans quels sols les ormes et les frênes prospèrent-ils ?

— Les terres riches sont celles qui leur conviennent, mais leurs racines traçantes les rendent très-nuisibles dans le voisinage des champs cultivés.

664 — Comment multiplie-t-on ces arbres ?

— Par leurs graines ; celles de l'orme se récoltent en mai ou juin et celles de frêne en automne.

665 — Indiquez un groupe d'arbres dont les bois ne sont pas d'un usage aussi fréquent dans la charpente et le charronnage ?

— Le hêtre, le charme, l'érable, le platane, le houx, le buis.

666 — A quels usages sont-ils propres ?

— Ils sont durs, forts, supportent bien le frottement des machines, sont très-pro-

pres aux travaux qui, sous un petit vo-
lume, ont besoin d'une grande force, et
fournissent un très-bon chauffage; mais
on ne les emploie guère aux travaux d'ex-
térieur.

667 — Quels sont les arbres qu'on désigne sous
la dénomination de bois résineux?

— *Les pins, les sapins, le melèze, le cèdre.*

668 — A quels usages sont-ils propres?

— *Très-légers et ayant de grandes dimen-*
sions, ils sont très-propres à faire des
charpentes, des mâts, de la menuiserie.
Ils pourrissent assez promptement; ex-
cepté le melèze et le cèdre qui fournissent
des bois aussi incorruptiles que le chêne,
le châtaignier et l'acacia.

669 — Les pins et les sapins ne fournissent-ils
pas d'autres produits que leur bois?

— *Ils fournissent la poix, la térébenthine, la*
résine, etc.

670 — Quels sont les terrains qui leur conviennent?

— *En général les sols sablonneux; cepen-*
dant ils s'accommodent de toutes les terres;

ce sont les arbres les plus propres à utiliser les sols médiocres et même ceux de mauvaise qualité.

671 — Comment les multiplie-t-on?

— Au moyen de leurs graines. On ne les exploite jamais en taillis, parce qu'ils ne repoussent pas après avoir été coupés.

672 — Quels sont les bois qu'on désigne le plus ordinairement sous le nom de bois blancs?

— Les peupliers, les saules, les aulnes.

673 — A quels usages les emploie-t-on?

— On en fait des charpentes et de la menuiserie; mais ils pourrissent promptement lorsqu'ils sont exposés à l'humidité.

674 — Quels sont les terrains qui leur conviennent?

— Les sols frais, hnmides, surtout ceux d'alluvion.

675 — Comment les multiplie-t-on?

— Par boutures et par marcottes.

676 — La culture des peupliers est-elle avantageuse?

— Dans les terrains frais qui leur conviennent, ils sont d'un très-grand produit.

677 — Quelles sont les espèces qu'il faut préférer ?

— *Le peuplier de Virginie, dit Suisse, est un de ceux qui poussent le plus vigoureusement et qui donne le plus grand produit. La croissance du peuplier blanc est au moins aussi rapide et il s'accommode de terrains d'une moins bonne qualité ; mais il envoie ses rejets à une très-grande distance.*

Vignes.

678 — Quelles sont les terres qui conviennent le mieux à la vigne ?

— *Celles dont la superficie calcaire repose sur une argile rougeâtre mélangée de gravier.*

679 — Les vignes ne réussissent-elles pas aussi sur d'autres terrains ?

— *Les sols sablonneux, schisteux ou granitiques, à fond perméable forment de très-bons vignobles.*

680 — Quelle est la meilleure exposition pour les vignes ?

Les côteaux exposés au sud sont en général les plus propres à la culture de la vigne.

81 — Comment plante-t-on la vigne ?

En lignes de manière à biner, sarcler et même labourer pour détruire les mauvaises herbes et ameublir le sol.

2 — Ne rencontre-t-on pas quelquefois des vignobles où les plants sont disposés au hasard et sans ordre ?

Ces vignobles sont malheureusement encore très-communs, cependant ils tendent chaque jour à disparaître.

3 — Comment multiplie-t-on la vigne ?

Par boutures que l'on fait enraciner en une espèce de pépinière, ou bien que l'on met immédiatement en place.

4 — Toutes les branches de la vigne sont-elles également bonnes pour faire les boutures ?

Elles reprennent toutes très-facilement, mais en général on préfère la base des sarments qui sont garnis d'une petite crossette ou crochet.

685 — Doit-on tenir les tiges de vignes élevées ou basses ?

— *Dans les climats tempérés, les vignes basses sont les plus convenables, parce qu'elles profitent mieux de la chaleur.*

686 — Quel est le principe al de la taille ?

— *On taille les vignes suivant leur force ; court lorsque les ceps sont faibles, et long lorsqu'ils sont vigoureux.*

687 — La taille n'est-elle pas très-importante ?

— *Les vignes bien taillées durent longtemps et produisent beaucoup ; il suffit de quelques années de mauvaise taille pour les détruire ou au moins pour en diminuer considérablement le produit.*

688 — Ne peut-on pas rajeunir les vignes dont les ceps sont trop vieux ou les repeupler lorsqu'elles sont claires ?

— *On rajeunit et on repeuple les vignes au moyen du provignage.*

689 — Comment se fait le provignage ?

— *En couchant les vieux ceps dans des fosses et ne laissant sortir que deux ou trois des* sarments les plus vigoureux, que on rabat à deux où trois bourgeons au-dessus du sol.

690 — Doit-on fumer les vignes ?

— *Les fumiers chauds ne leur conviennent pas; ils activent la végétation des tiges et des feuilles au détriment de la qualité du vin.*

Les terreaux bien consommés sont les seuls qu'on doive employer et c'est surtout aux provins qu'il faut les appliquer.

691 — A quelles époques doit-on bêcher et biner les vignes ?

— *En mars, en mai, en août et en septembre, mais jamais pendant la floraison. Elles doivent être tenues très-nettes de mauvaises herbes.*

692 — Quand doit-on récolter le raisin ?

— *Lorsqu'il est complètement mûr et par un beau temps.*

693 — Quels sont les soins généraux que l'on doit donner au vin ?

— *Tenir les futailles pleines, les bien nettoyer, soutirer en exposant le vin le moins possible à l'action de l'air.*

694 — Dans les années où la maturité du raisin est incomplète, ne peut-on pas encore faire des vins passables ?

— *En y ajoutant par barrique quelques kilogrammes de sucre ou de cassonnade à l'époque de la fermentation, on remplacera le principe sucré qui n'avait pu se former sous l'influence d'une température trop froide et trop humide.*

Économie.

695 — Qu'entend-on par économie agricole ?

— *L'ordre établi dans une exploitation, le travail bien dirigé, l'argent bien employé, les soins de toute nature.*

696 — Pour arriver le plus possible à une économie bien entendue, que faut-il ?

— *Établir des comptes exacts de toutes les opérations agricoles.*

697 — La comptabilité vous semble-t-elle indispensable ?

— *Sans registres pour noter tout ce qui se*

fait, on marche au hasard et on peut ar-
river à la ruine sans s'en douter.

698 — Quelles sont les principales opérations
de la comptabilité?

— *Apprécier la valeur de chaque chose et de*
chaque travail, puis à la fin de l'année,
faire un inventaire.

699 — Comment verra-t-on si l'on a perdu ou
gagné sur telle ou telle partie de l'exploitation?

— *Si l'on a noté séparément tout ce qui aura*
été dépensé pour chaque genre de culture,
et pour les animaux, ainsi que tout ce qui
aura été produit, la différence entre ces
produits et ces dépenses sera le bénéfice
ou la perte.

700 — Comment reconnaîtra-t-on l'ensemble
des bénéfices ou des pertes?

— *En comparant l'inventaire de l'année*
précédente avec celui de l'année cou-
rante.

701 — Les livres d'une comptabilité agricole
doivent-ils être bien nombreux?

— *Un simple cahier de recettes et de dépen-*

ses serait déjà une petite comptabilité fort utile.

702 — D'autres registres ou cahiers ne sont-ils pas encore nécessaires?

— *En ajoutant au cahier de recettes et dépenses un livre où toutes les opérations journalières seront inscrites, puis un autre où elles viendront se réunir chacune sur une page, on aura un guide suffisant pour une petite exploitation.*

703 — Tous ces principes sont-ils les seuls nécessaires pour réussir?

— *Avant tout, il faut honorer Dieu, respecter et aimer ses parents, être honnête homme dans toutes les circonstances de la vie ; sans cela, pas de réussite durable.*

TABLE ALPHABETIQUE

COULOMMIERS. — Typographie PAUL BRODARD.